庭院问题解决大师

花草卷

[日] 室谷优二 / 著　裘寻 / 译

長江出版傳媒　湖北科学技术出版社

图书在版编目（CIP）数据

庭院问题解决大师．花草卷 /（日）室谷优二著；裘寻译．—武汉：湖北科学技术出版社，2024.2
ISBN 978-7-5706-2632-8

Ⅰ．①庭… Ⅱ．①室… ②裘… Ⅲ．①观赏园艺
Ⅳ．①S68

中国国家版本馆 CIP 数据核字（2023）第 118861 号

草花の「困った！」解決ナビ

摄　　影：弘兼奈津子
协作拍摄：室谷优二　天野麻里绘　Arsphoto 企划
　　　　　泽泉美智子
插　　图：岩下纱季子　群境介

庭院问题解决大师・花草卷
TINGYUAN WENTI JIEJUE DASHI HUACAO JUAN

责任编辑：周　婧
责任校对：童桂清
封面设计：曾雅明
出版发行：湖北科学技术出版社
地　　址：武汉市雄楚大街 268 号
　　　　　（湖北出版文化城 B 座 13—14 层）
电　　话：027-87679468
邮　　编：430070
印　　刷：武汉精一佳印刷有限公司
邮　　编：430035
开　　本：787×1092　1/16　8 印张
字　　数：180 千字
版　　次：2024 年 2 月第 1 版
　　　　　2024 年 2 月第 1 次印刷
定　　价：58.00 元

（本书如有印装问题，可找本社市场部更换）

目录 Contents

Chapter 1

和花卉成为好朋友

Chapter 2

花卉的分类管理日历

Chapter 3

疑难问题解答Q&A

[本书阅读指引]

Chapter 1 主要讲解花卉栽培的基础知识，以及种植、培育的具体方法。通过插图，简明易懂地介绍一些基本方法和重点。

Chapter 2 将花卉按花期分类，直观地讲解栽培的重点。在栽培日历中，通过一年的培育循环介绍各种植物的栽培周期。另外，植物所属的科目名以分类生物学成果的 APG 体系为基准。

Chapter 3 把实践中的常见问题和各种难题分为 6 类进行详细讲解，栽培日历中特别标注的“日本关东南部以西的温暖地区”，气候大致对应中国长江流域。

Chapter 1

和花卉成为好朋友

本章针对花卉爱好者，尤其是初级爱好者，讲解了一些需要事先知晓的基础花卉知识，并简明易懂地介绍了常用的栽培技术和操作要点。

让时令花卉盛开吧！

庭院或者阳台上的花朵盛开时，心情也会变得平和愉悦。春季的郁金香、初夏的矮牵牛、秋季的波斯菊花朵的接连开放让人真切地感受到四季的变迁，内心不禁雀跃起来。本节就来学习如何培育时令花卉，体会富有季节感的园艺活动带来的乐趣。

感受季节变换

- ➡为什么总是不开花?
- ➡种植的时期肥料是否充足等

用花盆种植

- ➡培育方法是什么?
- ➡摆放花盆的位置正确吗?
- ➡肥料是否充足、浇水是否合适等

球根花卉种植方法

➡ 种植场所是否合适

➡ 是否有病虫害等

庭院内的种植方法

➡ 将花枝修剪得小巧精致

➡ 花枯萎了！

➡ 是否有病虫害、土壤是否合适等

如何体现花叶的特点

➡ 选择叶片美观的植物

➡ 观赏花色的对比等

植物的选择方法

➡ 种植时间是否正确

➡ 光照条件是否满足、土壤是否合适等

花卉是什么呢?

花卉包括哪些植物?

花卉，指具有观赏价值的草本植物。人们为了观赏花、叶、果实而栽培花卉。根据其生长特性，主要分为一二年生花卉、多年生花卉和球根花卉等。这种生态学的分类，一般是以植物的生长习性、周期、用途为中心，把实际栽培与养护过程相同的植物归为一类。

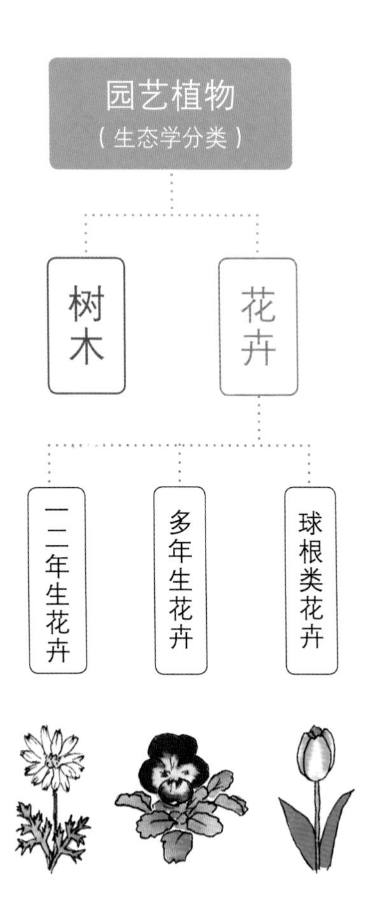

一年生花卉

一年生花卉中有春季播种的和秋季播种的。春季播种的一年生花卉，夏季到秋季开花，冬季枯萎。

二年生花卉

从播种到开花需要经历 2 年的花卉。植株长壮实后，熬过寒冬，花芽就会冒头，春季到初夏开放。

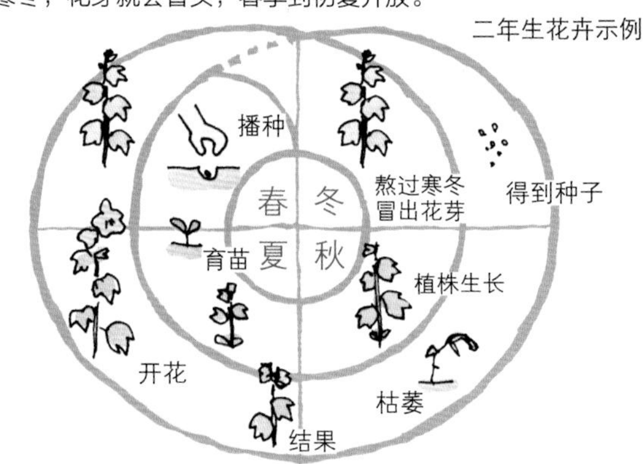

多年生花卉

只要环境适合，可以生存多年，不断重复新芽生长、开花、结果、休眠（缓慢生长）的过程。包括冬季地上茎叶不会枯萎的类型和冬季地上茎叶枯萎、保留地下的芽的类型（宿根花卉）。

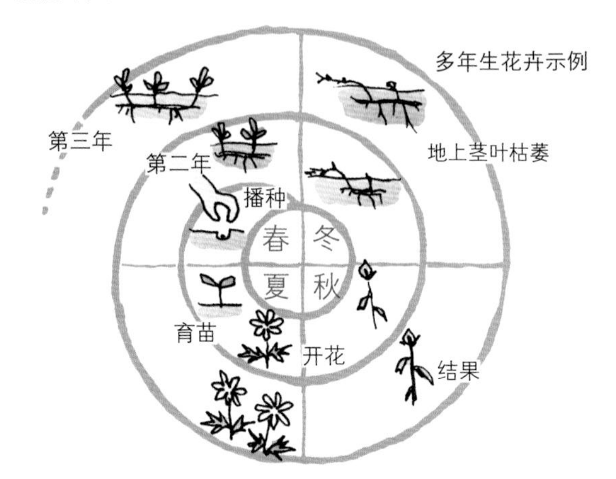

好用的工具和使用方法

要想提高花卉种植的效率，合适好用的工具不可或缺。工具的好坏直接影响作业效率，所以不能只凭价格或者外观判断，而是要选购结实顺手的。需要松土、制作花坛的话，要购买大号的铲子。如果是女性使用，则推荐尺寸小一半左右的小号铲子，在打理多年生花卉的花坛、换土的时候特别方便。移植铲是种植花卉时不可或缺的工具，也能用来混合园艺用土，建议宽、窄两种都常备。

铁锹、钉耙等工具，一般家庭有小号的就足够了。另外，虽然不需要耕地，但可以准备一把镰刀或三角锄用来除草，在只需要更换花坛中一部分植株时也很方便。

如果只是栽培花卉过程中摘除残花、修剪枝条等简单作业，会用到修花剪、摘果剪等园艺剪刀。大型的花卉则会用到剪枝剪。

浇水用的喷头和浇水壶，根据庭院面积大小和使用者的力气来选择。制作园艺用土时，还需要筛土用的筛子、混合搅拌用的托盘。另外，市面上还有带盖子的浅口塑料桶，可以用来装土和工具，几个叠在一起还能用作收纳。

各种各样的工具

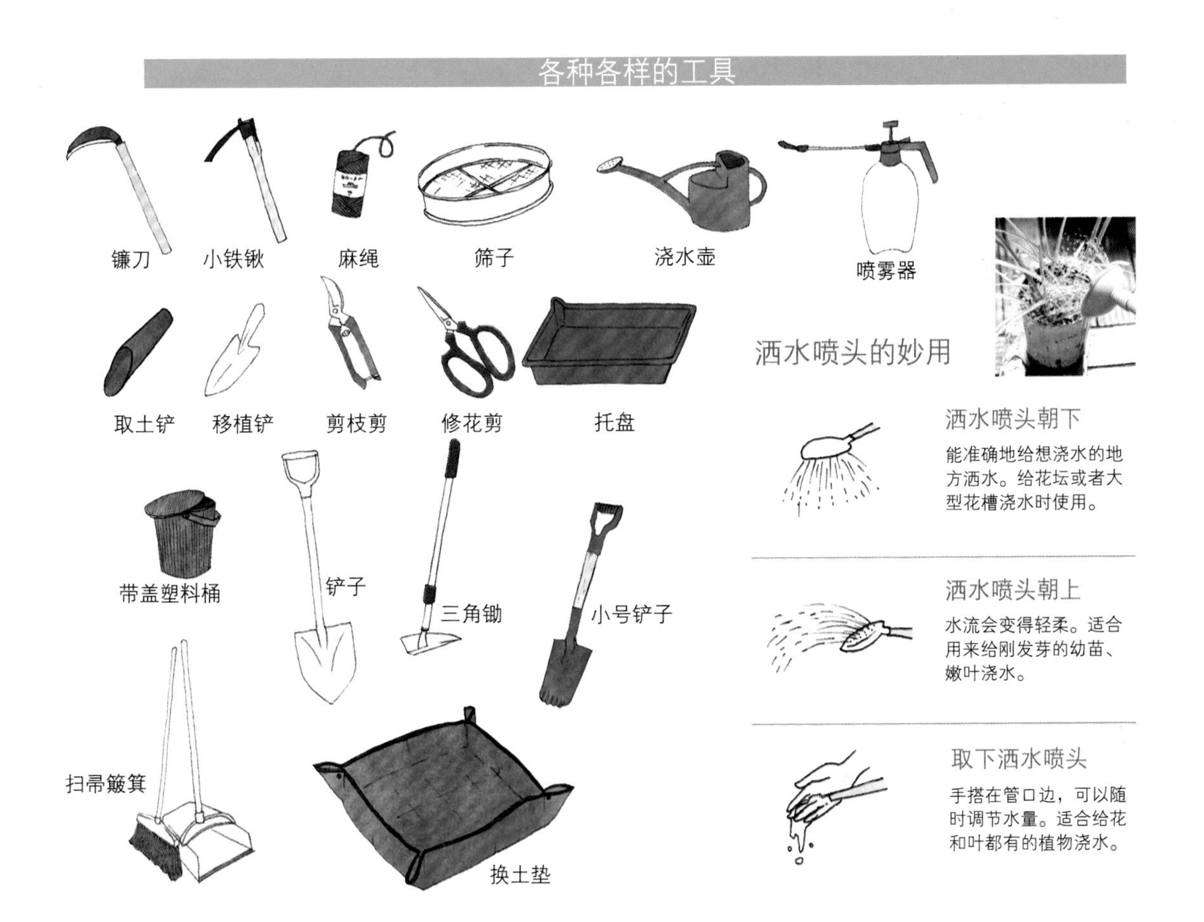

基础园艺用土和土壤改良材料

培育植物最重要的前提就是土壤

土壤是植物生长发育过程中最重要的部分。能给植物根部提供适量的水分、氧气和养分的土才是好土。好土的基本条件是具有良好的保水性、排水性和透气性。另外，不同植物对土壤的喜好也有所不同，所以还需要根据所种植的植物对土壤进行调整。为了维持良好的排水性和透气性，需要土壤内部有充分的间隙，这种由若干土壤单粒黏结在一起形成间隙的结构称为“团粒结构”。大多数植物都喜好腐殖质丰富、松软的土壤（本书把这种土壤称为“肥沃土”），所以要在土壤中再加上足够的堆肥、腐叶土等腐殖质或有机物，添加的分量为总用土量的10%~20%。

花坛里的土要加足有机质

1 好的花坛土，必须有良好的保水性、排水性和透气性。为此，第一步就是在土壤中加入有机质，然后充分混合。

2 撒上腐叶土。

3 用移植铲之类的工具将加入有机质后的土壤和腐叶土充分混合。

制作花坛和庭院用土

首先，检查庭院目前的排水性、保水性是什么样的状态。黏质土含量过高会导致土壤排水性不佳，要加入足量的腐叶土或泥炭土来提高排水性和透气性。如果本来是砂质土壤，保水性不太好，也可以加入腐叶土或泥炭土，再加上堆肥来提高保水性。

很多原产于欧洲的植物喜好碱性土壤，这时候就需要在酸性土壤和中性土壤中加入白云石灰等。

花槽的栽培用土

最便利的方法就是直接购买市面上在售的花卉培养土、吊篮花盆用土、观赏植物用土等根据植物种类已事先调配好的培养土。也可以购买赤玉土、鹿沼土、泥炭土、腐叶土，然后自己混合使用。

市售的各类混合培养土之间的特征差异非常明显。有人浇水非常勤快，有人忙得没时间浇水，有人把花种在阳台上土壤很容易干。不同的人有不同的生活习惯和环境，该选择的培养土也应有所不同。实际使用后植物生长情况良好的，多是遇到了好用的土。所以尽快找到适合自家环境的土壤是非常重要的。

各种各样的土和改良材料

鹿沼土

质量轻，排水性、透气性好。酸性土壤。较脆、易碎，尽量选择比较硬的。

赤玉土

植物栽培基础用土。排水性、透气性、保水性、保肥力都很好。有大颗粒、中颗粒、小颗粒等不同种类。

蛭石

清洁型栽培基质，保水性特别优秀。也能用来播种。

泥炭土

是水藓残体堆积的产物。具有中和碱性土壤的效果，所以注意别用在已经调整好酸碱度的土壤中。

腐叶土

阔叶树的落叶堆积腐烂后的产物。混合在种植用土或花坛中，可以提升透气性，增强植物活力。

花苗和球根的种植方法

如何选到好的花苗

花期长、开花多的植物的花苗，即使花或花蕾数量少也没关系。一年只开一次花、花开在枝端的植物，则要选择花枝和花蕾多的苗。同一种植物在一个花盆里种植多株时，选择大小差不多的，但种在小花槽里时，则要选择小一点的花苗。

二年生花卉

× 避免选择的花苗

瘦瘦高高的，从基部就容易摇晃，节与节之间距离很大。

◎ 好苗子

整体显得稳重，分枝清晰，叶色较浓。

球根种植的深度

种到花坛里

以球根顶部距离土壤表层1cm左右的深度为宜。

和花苗一起移栽到花槽

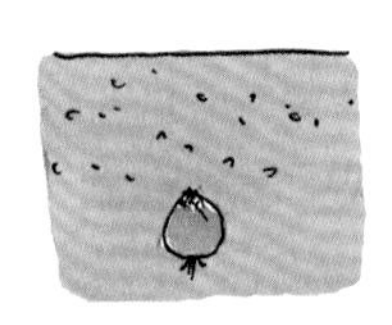

基本要埋到球根直径的3倍左右的深度。

花苗的种植方法

形状规整的花坛里，花苗要前后左右等距离隔开种植。种在花园中或者花槽里时，应该提前考虑到植物长大后的尺寸，以及整体的布局。从花盆中取出花苗时，如果根部够发达，可以把根钵解体后再种。如果花苗还小，或者根部还不够强健，则要注意尽量别伤害到根部。

提前考虑植物长大后的尺寸

植株会逐渐长大的品种

三色堇、矮牵牛、长春花等。

会逐渐长大、占到侧面空间的植物，需要留出足够的间隔。

尺寸不太会变化的品种

报春花、仙客来、迷你羽衣甘蓝等。

形态不会随着发育而明显变化的植物品种，植株间隔可以小一些。

球根的选择方法

秋植球根大多在秋冬季节发育根部，到了春季同时长出茎、叶并开花。因此，如果球根不够大、不够健康，就撑不到最后开花。球根的好坏，是决定最后能否观赏到美丽花朵的关键。虽然不同球根的大小和形状不尽相同，但各自都有一个固定的尺寸标准，以判断能否顺利开花。购买的时候，要尽量选择大且重、没感染病虫害的球根。

春植球根大多在种下时就开始生根发芽，一边生长一边开花。开花期长，花会接连开放也是其特征之一。这类球根的大小和能否开花并没有直接关系，重要的是确认有没有芽、有没有腐坏的地方。

根钵的解体

把花苗从花盆中取出时，要观察根钵的状态，有时需要解体，有时不需要。

球根的种植

春植球根的植株会不断生长变大，需要隔开足够的距离。秋植球根种在花盆或者花槽里时，隔开一根手指长的距离密植，效果会比较壮观。

种植的要点

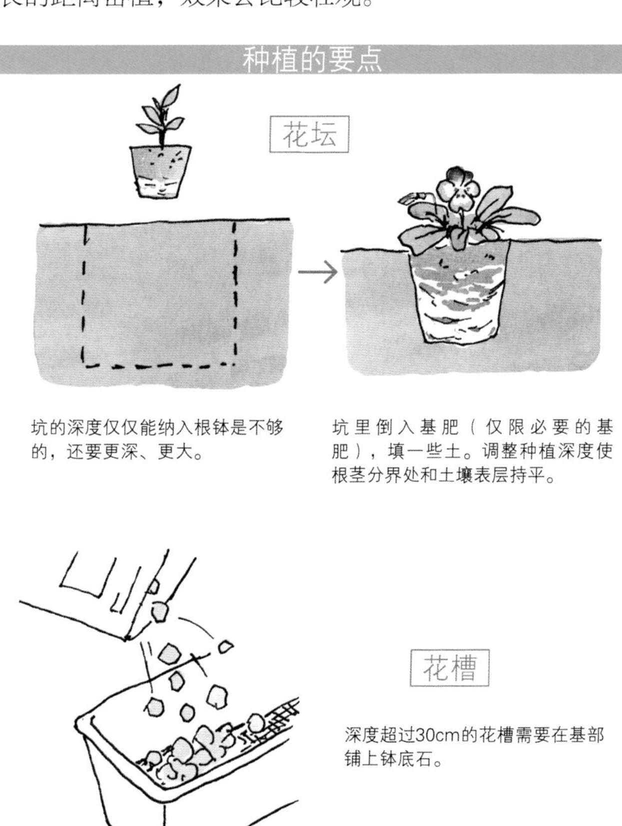

从种子开始培育

如何播种

种子的大小不同，播种方法也不同。比牵牛花种子大一些的，大部分可以直接撒在花坛里。但如果先播撒在塑料育苗钵里，稍微长大一些后再定植，就可以按自己的想法设计花坛开花的效果了。

不是全部的种子都能发芽，发芽了的种子也不能保证顺利长大。所以一定要大量播种，在发芽后剔除一些生长状况不良的。

比牵牛花种子略小的种子，选用 3 号或 4 号盆播种，再铺上播种专用土或蛭石、川砂等。半边莲等花卉的种子十分小，就要用到 2 号盆或育苗钵，倒入蛭石，蛭石上再铺上蛭石的粉末。

有些植物如果没有光照就不会发芽，这类植物和特别细小的种子上不再覆盖土壤。至于发芽的必要条件里包不包括光照，一般都会在种子包装袋上标明。

根据种子大小进行区分

比牵牛花种子小很多

微细颗粒

半边莲、苏丹凤仙花、秋海棠、矮牵牛、勿忘草等

在 2 号盆里倒入蛭石，上面再撒一层用 1~2mm 孔的滤网过滤后的蛭石粉末。表面推平整后，平撒上种子，尽量不要重叠。然后用喷雾充分补水。后续还要将花盆放到深口盆里，往盆内加水使其吸水。

比牵牛花种子略小

中颗粒

三色堇、香堇菜、翠菊、鼠尾草、千日红、石竹、香雪球等

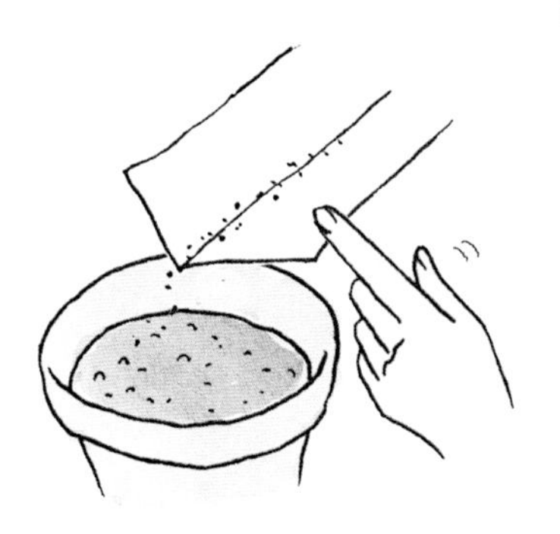

在 3 号或 4 号盆里倒入播种专用土或者蛭石、珍珠岩、川砂。将种子均匀撒在土壤表面。播种后用装了小孔洒水喷头的浇水壶，隔开一定距离充分浇水。

和牵牛花种子一样大或更大

大颗粒

牵牛花、向日葵、百日菊、旱金莲、羽扇豆等

在直径 9cm 的育苗钵里加入干净的培养土，然后种入两三粒种子。可以用筷子或者手指戳一个洞，放入一粒种子，再填上周围的土，也可以使用专门的育苗块。发芽后，只留下长势良好的芽，剔除发育不良的芽。

播种后的管理

播种后至发芽前将植物放置于半阴处，勤浇水，防止土壤干燥。发芽后将其转移到光照充足的地方，浇水强度以土壤不过于湿润为标准。子叶出土之后，才会长出真叶。长出第一片真叶后，要等土壤表面干燥后再浇水。为了让根部能充分伸展，需要在保持土壤干燥的同时不让植物枯萎，这一管理十分重要。等长出第二片真叶后，施一次薄肥。

↑可以用市售的播种专用土，网上就能购入。

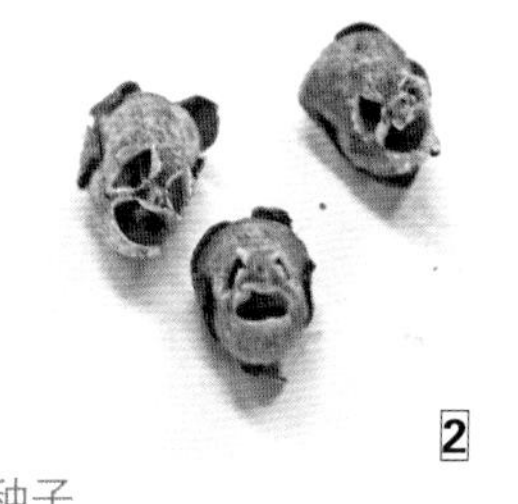

1 2
形状有趣的种子

1金盏花、药葵等的种子。

2像骷髅头一样的金鱼草种子。

花苗长大后需要移植

当花苗长出两三片真叶，能触碰到边上其他花苗的叶片时，就需要移植到花盆里或者其他地方了。配合花苗的生长进行多次移植，根部的张力会更加强大。

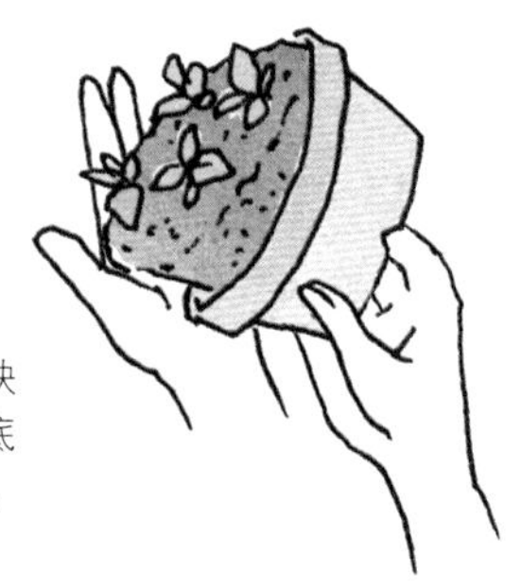

1 用手指将带土块的花苗从花盆底部的洞口推出。

2 一株一株分开花苗，注意不要伤到根部。

3 种到育苗箱之类的容器里。

4 大约 2 周后，再次移植到直径 9cm 的花盆里。

浇水的注意点

水是植物生长过程中必不可少的元素之一。土壤中的养分溶解在水里，从根部去往植物的其他部分。水被根部吸收，通过茎部，再从叶面蒸发，正是通过这一过程，植物的茎干才变得挺拔。开花期间植物需要更多的水分。植物如果缺水，不仅花、茎、叶会萎靡不振，甚至可能导致不开花。

从春季到初夏，持续的晴天、上升的气温，会让土壤变得容易干燥。这一期间要用心观察土壤状态，防止缺水。自己根据情况制订一个浇水的计划也是一种办法。

夏季开花的植物，有些十分耐旱，也有些不适应干燥的土壤。在种植花苗的阶段，就应该避免把这两类植物种到一起。怕干的植物需要早晚浇水。如果土壤较为湿润，可以在傍晚往叶片上适量洒水。即使是耐旱的植物，如果持续晴天高温，也要注意浇水，防止叶片枯萎。

浇水的小技巧

浇水要慢。种植在花盆里的植物需要充分浇水，直到有水从花盆底部流出为止。从叶片上方随便浇几下是不够的。

记住各种植物大致的浇水量吧！

有些植物能适应干燥的土壤，有些却很怕干。
根据植物特性来浇水是非常重要的。

保持土壤干燥	大花马齿苋、迷迭香等
保持土壤略微干燥	金雀儿、天竺葵等
土壤表面彻底干燥后再浇水	秋海棠、万寿菊等
土壤表面开始干燥后再浇水	勿忘草、荷包花等
保持土壤湿润	蝴蝶草、马蹄莲等

摘除枯花

枯花就是开败枯萎的花。花开败后不能置之不理，而应该尽早将其摘除。如果放任不管的话，不仅影响美观，凋谢的花腐烂后还可能导致植物生病，也会成为害虫的温床。

另外，三色堇、香堇菜之类开花期长、容易结种的植物，如果不及时摘除枯花，种子长出来后会抢夺养分导致植株变弱，开不出花来。就算是不结种的植物，比如鼠尾草之类有大朵花冠的花卉，也要尽快从花茎根部剪除枯花，这样更容易长出花芽，下一朵花才能更快绽放。

各种各样的支架

纵向生长、枝条较长的植物，尽早为它们立起支架吧！

根据植物繁茂程度，用“L”字形的部件组合搭配的类型。

棒状的支架，除了绿色，还有黑色等。

便于聚拢植物的环形支架，还有藤蔓植物缠绕的灯笼形支架。

要把几株植物围起来，或者固定较粗的茎干时，可用尼龙绳或者麻绳。

铅笔粗细的茎干用塑料卡扣就可以固定住。拧一两圈即可。

摘除枯花的几种方法

要在花完全枯萎前摘除。
注意开花方式不同，摘除的方法也不同。

方法❶

连花带茎摘除

三色堇、香堇菜、雏菊、天竺葵、旱金莲等

花茎较长，枝端开花的一类花卉。捏住花茎根部呈直角弯折，就能轻松地折断。诀窍是一只手稳住植株，另一只手牵扯着折断。

方法❷

只摘除花

蝴蝶草、矮牵牛、藿香蓟、苏丹凤仙花等

花茎较短的花卉，用指尖摘除枯花。大部分用指甲就能掐掉，但矮牵牛会让指尖变得黏糊糊的，建议使用剪刀。

方法❸

剪除枝条或花茎

木茼蒿、金鱼草、万寿菊等

枝条较长、花茎较硬的可以用剪刀修剪。形成花穗的花卉，按照开花顺序剪除或全部开完后连花茎一起剪除。

为什么要尽快摘除枯花？

三色堇、矮牵牛等花卉，会马上结种，导致植株长势欠佳，所以要尽快摘除枯花。

摘心和剪枝

摘心的目的与方法

鼠尾草、大丽花、金鱼草等株高较高的花卉，如果任其生长，会只长个头不长分枝，花也只在枝端才开，失去整体的平衡。

如果要呈现花团锦簇的状态，就要事先在花苗时期摘掉最顶上的芽，这个操作称为“摘心”或者“打顶”。摘掉顶端的新芽，能促使侧芽生长，形成繁茂的姿态。摘心，只需要摘除顶芽的最尖端部分。不需要用到剪刀，用指尖掐掉顶芽的 2 片叶片即可。

剪枝的目的与方法

植物长得过于高大，茎叶和枝条肆意生长的话，会显得不够整洁美观。修剪这些枝条的操作称为“剪枝”。剪枝后，侧芽再次生长，植物才会显得葱郁精神。那些容易分枝、生长旺盛，或者说生长过快的植物，都是有必要进行剪枝的植物。

剪枝的目的在于让新枝生长。比如有些容易开花、花期长的植物，可能在花接连绽放期间，侧芽不能顺利生长，原本能开花的茎或枝发育也变得缓慢。

另外，梅雨季的淫雨霏霏、夏季的高温酷暑等，不利于植物生长发育的恶劣状况如果长期持续，也会造成叶色枯黄，影响开花。这时候对植物进行剪枝，可以让植株把能量集中在新芽的发育上，此后就会长出很多精神的新枝了。

剪枝的时机根据植物的种类而有所不同，但基本是在植物生长比较旺盛的时期，或者开始发育之前。

剪枝有 2 种方式：①让植株高度保持一致；②在考虑植株整体形状的前提下选择必要的枝条进行修剪。

生长速度较快的植物、枝条生长旺盛的植物，用方式①，一口气剪掉 1/3~1/2。

不太容易分枝的植物、生长较为缓慢的植物，用方式②，除了过长的枝叶、已经开败的花枝等，再剪去一些不美观的枝叶即可。

以上情况都要事先确认是否有新芽，然后在有芽的枝节上方进行修剪，这点很重要。

花坛群植植物的剪枝

植株种在一起，潮湿不透气，会影响植物的生长。花苗时期还整整齐齐，后来却只有中间部分越来越高大，这时候就需要剪枝。

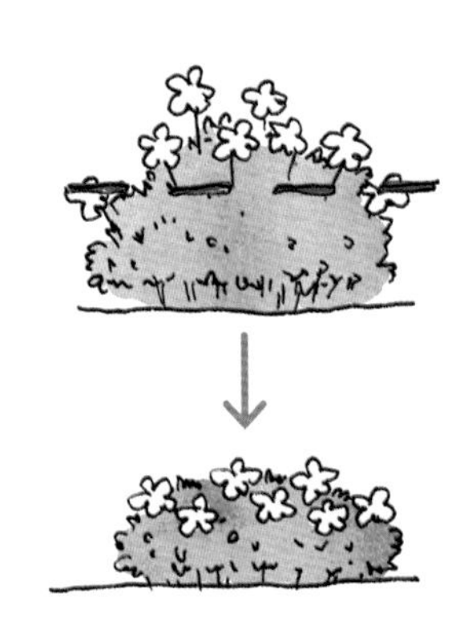

摘心和剪枝，有什么不同？

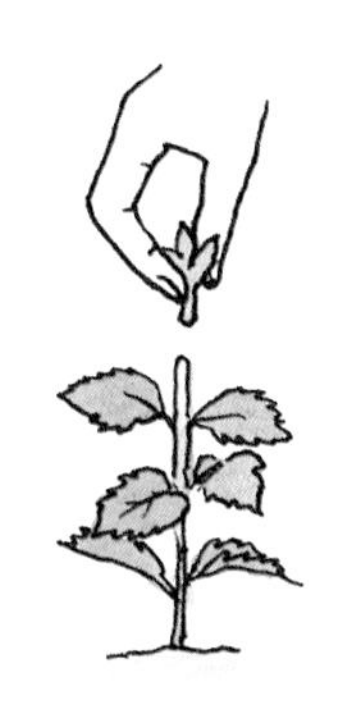

摘心

摘除茎或枝最顶端的芽。此前被抑制生长的侧芽终于有机会分枝。在植株高度长到 5~10cm、真叶达到 8 片左右时，用指尖摘除顶芽。

不摘心的话……

植物会一直往上生长，而不太分枝，外形就会显得单调乏味。在花苗时期摘心，靠近基部的地方就开始分枝，花穗才会多。

剪枝

把过长的枝条、干枯的老枝齐齐剪掉，目的是让新芽能够大量生长。剪到最大高度的 1/3 左右，就又能欣赏到花繁叶茂的姿态了。

种下后马上摘心

矮牵牛等如果从育苗钵直接移植，花茎会径直往上长，显得高瘦、不丰满。在种下之前或之后马上把顶端的芽摘除，分枝数就会增加。

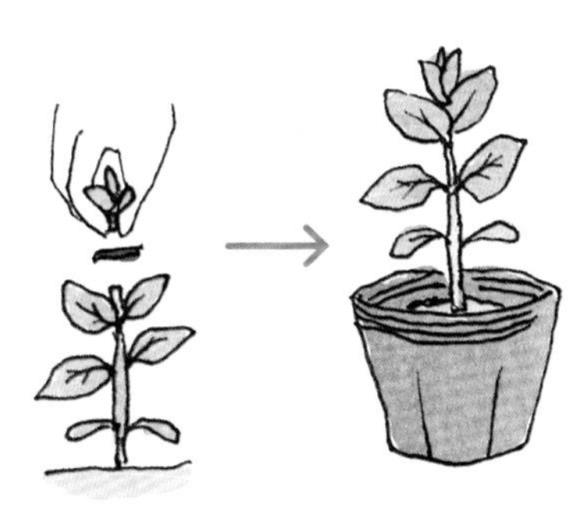

金鱼草、黑足菊、苏丹凤仙花、万寿菊、旱金莲、白晶菊、鞘蕊花等

掌握矮牵牛的剪枝技巧

在此处修剪

1

已经开完一次花的矮牵牛，在分枝部分的上方进行修剪，留下朝外生长的枝条。

2

其他茎部也用同样方法修剪，然后略施一点液态肥。不久就会变得团簇可爱，开出很多花。

花期后的作业

一年生花卉、二年生花卉

三色堇、牵牛花等一年生花卉和二年生花卉，开花之后就会枯萎，留着也不美观，应尽早拔除。拔除后土里加入腐叶土或者堆肥混合均匀，再种上下一季的花苗。

开花后也可以暂时不拔除，等结种后，播下这些种子继续培育。不过，最近市面上的花苗大多是被称作“F_1种子”的改良品种的产物，即便继续培育它们的种子，很多也无法开出和上一代一样的花，品相会更差一些。不过，虽然开不出一样美丽的花，但带着对未知期待的心情种植也是一种乐趣。

多年生花卉、宿根花卉

多年生花卉、宿根花卉如果种下之后就此不动，可能会产生植株中心枯萎、根部打结等问题，影响生长。在种下后2~3年，可以连根挖起一次。在土中加入腐叶土或堆肥，松土改良土壤状态，去掉枯叶和受伤的根部，然后分株，再种回去。这样既可以给新芽的生长腾出足够的空间，也能促进其发育。

关于重新种植和分株的恰当时期，常绿多年生花卉适合在生长旺盛的时期，花开完之后立刻进行，或者在开花告一段落的时期进行。而大部分宿根花卉，则适合在秋季或者早春进行。分株的时候选择芽的数量多、体型较大的植株，用手或者剪刀分成每株两三个芽即可。哪怕是比较珍贵的植物，也不要强行对体型较小的植株进行分株。

花开完后要做什么？

球根植物

酢浆草、蓝壶花等小球根种下后可以几年不用动。

施肥让球根发育长大，叶片变黄了就把茎切除。

施肥让球根发育长大，叶片变黄了就整个挖出。

宿根花卉、多年生花卉

花开完了，宿根花卉的地上部分会枯萎，而多年生花卉不会枯萎。

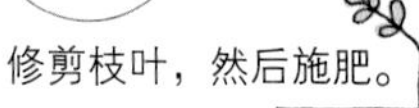

修剪枝叶，然后施肥。

把植株整个挖出种到花盆里，直到下次适合种植的时期到来。

一年生花卉、二年生花卉

开花、结种，然后就会枯萎。

过季之后，花不再开，就可以拔除了。

球根植物

秋植球根在花开完后，要尽快把枯花摘除，追肥让球根吸收营养。在叶片呈绿色时追肥，叶片开始变黄了就停止。叶片变黄后如果倒伏了，就等到有连续晴天时把球根挖出。

挖出的球根保持干燥，去掉杂土和枯萎的茎叶，保管在阴凉处。

春植球根的开花期较长，所以可以在开花期持续追肥，等到秋季叶片变黄了再挖出。之后的管理和秋植球根相同。

另外，大多数小球根种下之后几年都可以不用动。

如何培育球根?

想让球根充分吸收营养，
就不能在开花后马上剪除叶片。
要切实养护，直到球根长到足够的尺寸。

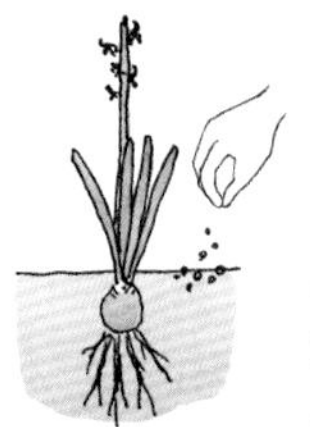

1
为了让球根茁壮长大，开花后要施加钾含量高的肥料。

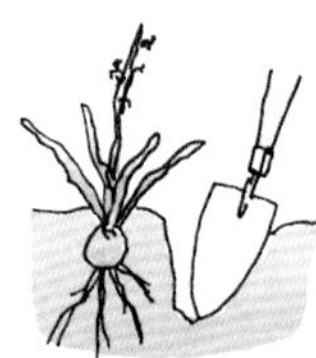

2
叶片枯萎 1/3 左右时，把球根整个挖出。

3
连根带叶在阴凉处干燥 1 周左右。

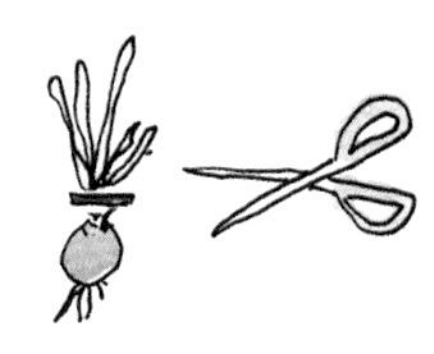

4
叶片全部枯萎后就剪除。

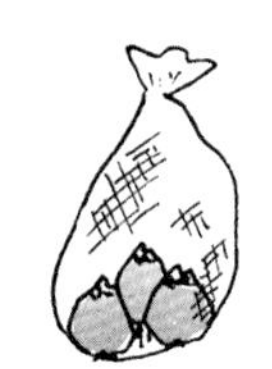

5
放进网袋里，储存在通风良好的地方。

宿根植物的分株

靠根茎繁殖的类型

小心地整个挖起。

确保每株有两三个芽的前提下，产生分枝的部分用剪刀剪开。

种下时为新芽的生长留下足够的空间。

分株后的部分种在花盆或者育苗钵里，就又是一株好苗了。

有大量细根的类型

不用剪刀，直接用手分开。

取出种子吧！

花开完后，留下一些枯花，
就能结出种子。

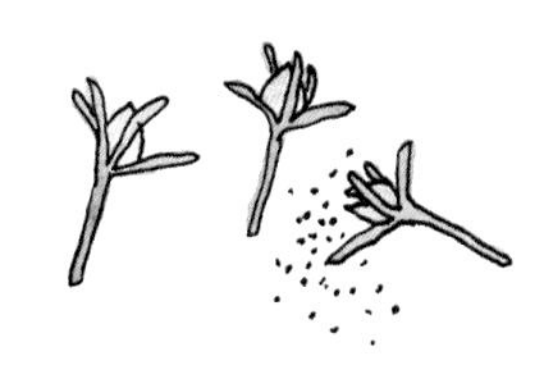

矮牵牛等种子成熟后会自行脱落。在那之前取下果实，放在纸箱中干燥，就能轻松采种了。

如何应对酷暑严寒?

夏季高温对策

高温对策的第一条，就是要降低夜间的温度。即使白天的气温有35℃以上，只要夜间能降到25℃以下，植物就能挺住。在花槽与花槽之间留出空间用来通风、洒水，从而为植物降低夜间的温度。

特别怕热的植物需要在白天为其遮光，尽量搬到阴凉的场所。如果是种植在庭院里的植物，可以用扦插等方法做成盆栽苗，移动到凉快的地方。植物在盆栽苗的状态时对环境变化的适应性较强，可以轻松度夏。

用排水性好、易干燥（保水性不佳）的土壤来栽培也是一种方法。把珍珠岩、赤玉土、山砂等加入土壤中，虽然必须要频繁地浇水，但植物根部的生长范围能变得更广。即使大量浇水，土壤也不会变得过于湿润，通过蒸发作用，可以达到降低土壤温度的效果。

高温对策① 通风

花盆下方使用木架，
植株之间保持距离，便于通风。

◎ 花盆之间保持较大的距离，利于通风。如果植株有缠绕在一起的部分，修剪一下减少枝条数量，也很有效。

× 花盆挨着花盆，通风不佳，热气积聚。要尽量避免这种情况。

高温对策② 浇水

傍晚洒水，具有降低夜间温度的效果。

阳台种植时，可以在种植架旁洒水，也可以轻轻往叶片上浇水。

冬季低温对策

< 寒冷地区 >

在下雪频繁的地区，要注意雪的重量会压垮枝叶，还要注意寒冷的强风。种在庭院里又不耐寒的植物，需要事先种到花盆里，移到室内或者简易塑料棚内。不能重新种植的植物，可铺上稻草来防寒，也可以深埋到土里。

< 温暖地区 >

应对突然到来的寒潮导致的霜雪十分重要。留意天气预报，如果寒潮快来了，要把重点关注的植物提前移到朝南的阳台等温暖的地方。如果是种在花坛或庭院的植物，就用腐叶土、泥苔、树皮堆肥等覆盖在植株基部。

为了提高植物的耐寒性，控制浇水量是比较有效的办法。有些花苗比成熟株更不耐寒，这类植物要早点育种，让其赶在严寒到来之前长大。

高温对策③ 活用身边的物件

保护植物不受强烈阳光直射的办法。

在庭院里种高大的落叶树，把怕热的植物移到树下。

让藤蔓植物缠绕在网格架上生长，为下面的植物遮挡阳光。

阳台上，可以挂上竹帘或者遮光网，挡住阳光的直射。注意避免遮光物件被风吹动时弄伤植物。

低温对策① 寒冷地区

防止因为积雪重量导致树木倾倒，或者寒风刮伤植物。

为了抵抗强风和积雪，在树高2/3左右的位置用支架支撑。

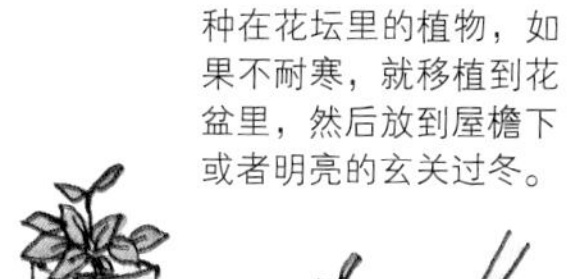

种在花坛里的植物，如果不耐寒，就移植到花盆里，然后放到屋檐下或者明亮的玄关过冬。

低温对策② 温暖地区

温暖地区的植物一般不需要特别处理。

迎风处的植物和不耐寒的植物，都移到朝南的屋檐下或者窗边。

把花盆放到发泡聚苯乙烯的箱子里或者大的塑料箱里，也有保温效果。

肥料和药剂

肥料的种类与施肥方法

植物生长发育必需的养分中最重要的就是氮、磷、钾。然而这些成分往往是土壤中比较匮乏的，需要通过肥料来补充。肥料大体上可以分为有机肥料和无机肥料。

有机肥料包括油粕、骨粉等。这些肥料需要经过微生物发酵分解之后才能被植物根部吸收，所以需要一定时间才能看到效果。市场上也有一些能直接使用的发酵好的成品售卖，比如发酵油粕、腐熟肥等。

有机肥料和无机肥料相比，虽然所含肥料的成分较少，但除了三要素，还富含其他植物成长所必需的微量元素，肥料溶解后还能留下腐殖质。

无机肥料是指化学合成的无机物组成的肥料，所含肥料成分的含量都很明确，可以根据植物生长所需来精准控制投放量。但是，一旦投放过量就可能导致病害，所以新手施加无机肥的时候可以尽量保守一些，避免出问题。

另外，有些新手会把营养剂和肥料搞错，营养剂是用来补充肥料三要素（氮、磷、钾）之外的其他微量元素的。

如何选择肥料?

肥料三要素的主要作用

如图所示，肥料的包装上都会标明 N:P:K 的成分比。根据植物的生长状况，植物缺什么，就选择什么含量多的肥料。

P – 磷

可以促进植物开花结果。如果缺磷，会导致开花结果迟缓，根部扩展不足。

K – 钾

可以让根部等部位的纤维更加结实，增强植物在日照不足的地方的抵抗力。

N – 氮

茎叶生长的必要成分。发育初期需要大量的氮，但过量会导致不开花、茎干倒伏。

什么时候施肥?

在植物需要的时期，施加对应的种类。

基肥

在种下植物时，提前混合在土壤中的肥料。应该选择起效缓慢、效果持久的肥料。给花槽里的植物施肥用合成肥料比较方便，而花坛则推荐使用有机肥料。

追肥

随着植物生长，补充不足的养分而使用的肥料。包括开花后用来给球根补充营养的肥料。用合成肥料比较方便，种类也很多，选择自己使用顺手的即可。

固体肥料

颗粒状，生效缓慢。每次浇水都能溶解一些，效果比较持久。也有棒状的，插在土里使用。

液体肥料

生效快。有需要加水稀释的，也有可以直接喷洒的。施肥之后效果立竿见影，但是不持久。

药剂的种类和选择方法

发现植物没什么精神时，查找原因、对症下药是非常重要的。可能是光照不佳、通风不好、肥料过量等原因，只要改善管理，植物基本上就能恢复精神。

即便妥善地对栽培环境进行管理，还是可能遭受病虫害。针对虫害的是杀虫剂，针对病害的是杀菌剂。在家中栽培植物，准备一些防治发霉导致的病害的药剂、驱除蚜虫和毛毛虫的药剂，以及消除螨虫的药剂就足够了。绝大部分药剂都和人使用的药物一样，只对特定的病虫害有效，对其他症状是没有效果的。

很多新手分辨不清病虫害的种类。如果无法判断，可以参考专业书籍，或者找园艺店的工作人员询问。

病虫害防治的确认事项

想辨别病虫害的种类是很难的。
觉得植物状态不对劲时，首先确认以下 6 点！

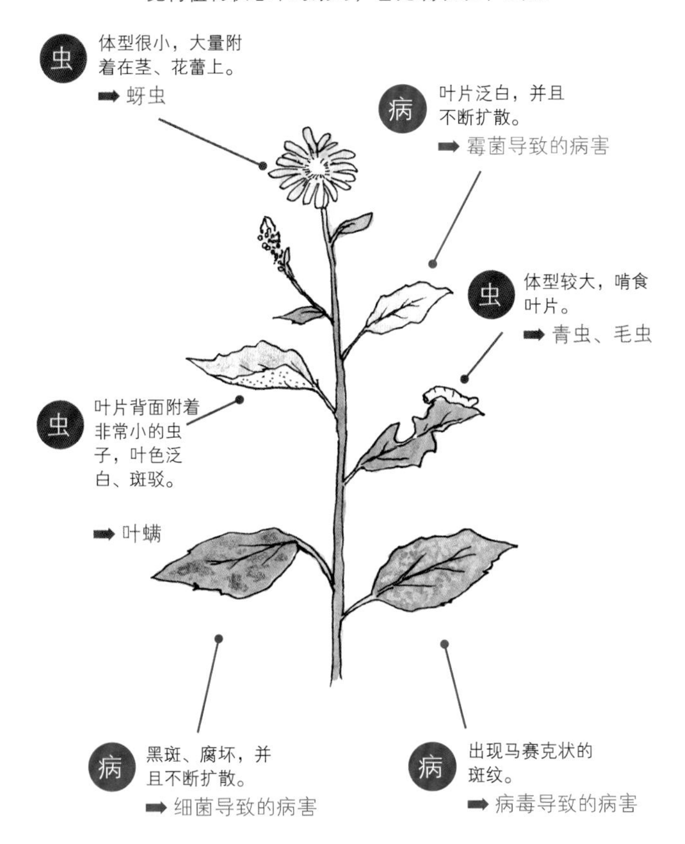

花苗的购入

购买想要的植物

到附近的园艺商店、园艺市场逛逛，确认品种是否齐全，以及库存状况。如果想要某个特定的品种或者珍贵的植物，需要去大型的园艺市场或者专卖店探寻一番。宿根花卉和山野花卉可以每个季节都去看看，总能发现新品种。

试试网购

种苗公司、专卖店的网店也日渐丰富。大型的种苗公司可能还有面向会员的会刊或者电子杂志发售。

地肤

落新妇

郁金香

荷包牡丹

德国鸢尾

仙客来

Chapter 2

花卉的分类管理日历

本章涵盖了适合花坛种植的华丽花卉、适合自然风庭院的花卉、绿色亮眼的观叶型花卉。

把较受欢迎的花卉根据开花期分类，分别介绍其栽培日历和养护方法。

●秋～春
●春
●春～初夏
●夏～秋

圣诞玫瑰

科名：毛茛科 分类：多年生花卉 花径：1.5 ~ 8cm 株高：30 ~ 80cm
花色：白、粉、黄、绿、紫、胭脂

冬季到春季的庭院阴影处

原产于地中海沿岸到西亚地区，有一部分原产于中国。广为培育的是被称作‘东方圣诞玫瑰（Lenten Rose）’的品种，是东方铁筷子系的杂交品种。既可以巧用它的叶片来打造彩叶花园，也可以种在花盆里欣赏其优美的花朵。

耐寒性强，但害怕高温时的阳光直射。如果要种在庭院里，建议种在落叶树的树荫下，秋季到第二年春季采光好，初夏到初秋则有树荫遮挡。喜欢排水性好、腐殖质多的土壤，不喜欢过湿或者干燥的环境。尤其是夏季如果过于干燥，会导致植株虚弱、干枯，所以要及时浇水。根部一旦长结实了就能茁壮生长，但如果植株老化，可能会有不容易开花的情况。

通过分株来帮助繁殖。开花后和秋季都是适合分株的时期，把成品植株分为 2 株或 3 株。

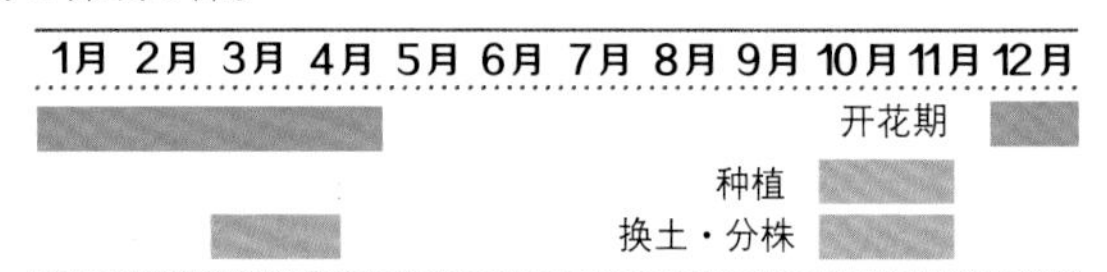

华丽的东方铁筷子系的重瓣花。

原种是臭铁筷子。

仙客来

科名：报春花科 分类：球根植物 花径：5 ~ 8cm 株高：15 ~ 40cm
花色：红、白、粉、黄、紫、鲑红

包括盆栽花品种、庭院花品种和原种系

仙客来是最有人气的园艺品种是冬季的盆栽花品种，花形很大很华丽，是用波斯仙客来原种培育的品种。以地中海沿岸地区为中心，分布有 15 种以上的原种。作为园艺花卉的仙客来，是从盆栽花的小型品种中选择的耐寒性强的，把带花的苗种在育苗钵中出售。另外，原种系中还有球根、不带花的钵苗类型。

盆栽仙客来不太耐寒，需要环境温度保持在 5℃以上。也不太耐热，最适宜的生长温度是 10 ~ 20℃。温暖地区可以放在朝南的阳台或者屋檐下进行室外管理。喜欢光照，适宜排水性好、肥沃的土壤，可以在赤玉土中加入泥苔混合使用。不喜欢土壤过于潮湿，所以要等表层的土干燥之后再浇水。管理的关键在于频繁追肥，及时摘除枯花、枯叶，保持整洁。

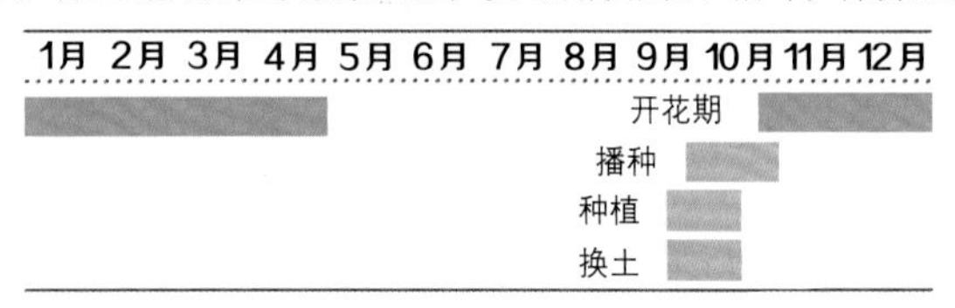

仙客来是颇受欢迎的冬季盆栽花。

→可以种在庭院中，或者合种在花盆里的仙客来。

↓风格清新的原种：小花仙客来。

香雪球

科名：十字花科 分类：一年生花卉、多年生花卉 花径：0.25 ~ 0.3cm（花房 2 ~ 8cm）株高：10 ~ 15cm 花色：白、粉、淡黄、紫、浅橘

甜甜香气织成的“花毯”

香雪球是原产于欧洲南部的多年生花卉，但因为不喜高温多湿，在日本是作为一年生花卉种植的。花朵散发着甜香，能开很久，开成一片就像花儿织成的毯子。可以种在花坛边缘、通道前方，也可以做成盆栽、吊篮。

偏好碱性土壤，所以酸性较强的土壤需要用白云石灰来中和酸度。喜欢光照，适宜腐殖质多、排水性好的砂质土壤，不喜过于湿润的土壤。春季和秋季要每月施加 2 次或 3 次薄肥。开花后修剪枝叶，就能再次开花。较为耐寒，但十分寒冷的天气还是需要除霜等防寒措施。

种子非常小，随地散落的种子也能发芽。发芽的适宜温度是 15 ~ 20℃，生长的适宜温度是 8 ~ 20℃。

种在光照良好的花坛或花槽里，就能缤纷洋溢地盛开。

	1月	2月	3月	4月	5月	6月	7月	8月	9月	10月	11月	12月
开花期	■	■	■	■	■					■	■	■
播种			■						■	■		
种植			■	■	■	■			■			

紫罗兰

科名：十字花科 分类：一年生花卉 花径：5cm 左右 株高：20 ~ 100cm
花色：红、白、粉、淡黄、青紫、蓟紫

推荐分枝系的矮性品种

紫罗兰是原产于欧洲南部的一年生花卉，长长的花茎上能开出一串散发香气的花。常作为切花使用，种在花坛或者花盆里的话，推荐选择矮性的品种。温暖地区从早春开始就能开花了，分为有分枝的品种和无分枝的品种，花坛或者花盆种植的话推荐有分枝的品种。在花坛中同时大量种下，开花时才能显得花量大。制作盆栽则推荐选择颜色较为明亮的品种。

虽然过冷、过热都不行，但薄霜左右的寒冷程度还是能忍受的。喜欢排水性好、中性偏弱酸性的土壤，多加腐殖质。浇水时要注意避免过湿，但刚种下时很容易缺水，所以要充分浇水。种植时添加基肥，根据生长情况追肥。要注意防治蚜虫、蛀虫等。

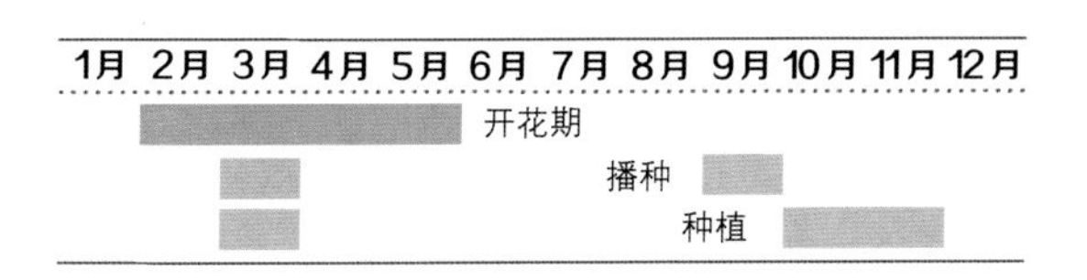

粉色重瓣花的紫罗兰，种在花坛里也不失华丽。

矮性、分枝多的品种在市面上很常见。

羽衣甘蓝

科名：十字花科 分类：一年生花卉、多年生花卉 花径：1.5 ~ 2cm 株高：20 ~ 80cm 叶色：白、粉、紫红

在花坛或者组合盆栽中都能尽显风采

原产于欧洲西部到南部地区，多年生草本植物，是大白菜的亲戚。虽然常作为一年生草本植物栽培，但第二年以后可以作为冬季观赏植物来欣赏。市面上多以种在迷你育苗钵里的形式出售。

羽衣甘蓝很好养活，喜欢光照和排水性好的肥沃土壤。在天气变冷之前种下，给根部充分的时间生长，这一点非常重要。为了让叶片更好地显色，低温是必要条件。而氮肥如果施加过多，会导致叶色单调，所以 10 月以后就不要再施肥了。

虽然是靠种子繁殖的，但秋季直接购入幼苗种植更加方便。适合发芽的温度为 20 ~ 25℃，根据品种有所不同。

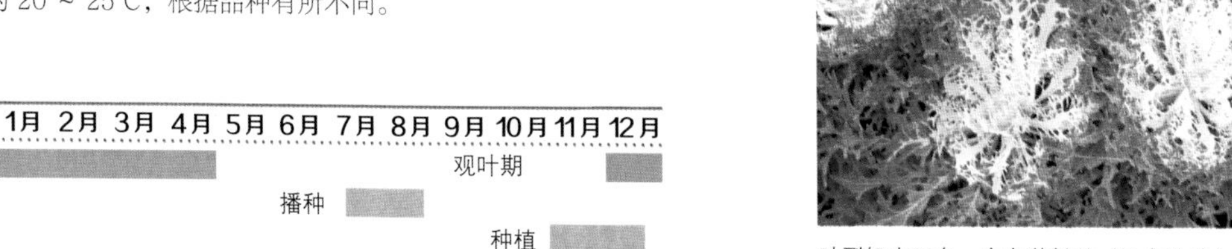

中心呈淡粉色，漂亮得像玫瑰一样的‘F_1初梦’。

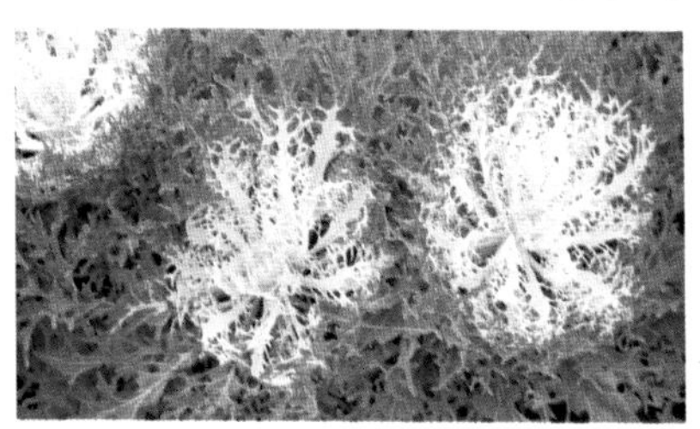

叶裂细小而多，白色蓬松的‘F_1白孔雀’。

三色堇

科名：堇菜科 分类：一年生花卉 花径：3~10cm 株高：10~50cm
花色：红、白、粉、黄、橘、蓝、紫、黑等

五彩缤纷、花型丰富的春季主角

自从 19 世纪英国进行了品种改良以来，三色堇已经成了花色最丰富的园艺植物之一。中大花型的称为“大花三色堇”，小花型的称为“小花三色堇”。

三色堇较耐寒，但不耐暑热。大部分三色堇的花苗秋季上市。喜欢光照和通风良好的环境和排水性良好的肥沃土壤。不仅在种下时就需要将足够的基肥混合进土壤中，到了生长旺盛的春季，还要进行追肥。表层土壤一旦显得干燥，就需要充分浇水。

花开败后如果放任不管，会容易结种。结种的花茎营养流失，其他花容易发育不良，因此，开完的花一定要尽早从花茎连接处摘除。三色堇可以从播种阶段开始培养，但直接购买花苗会更加轻松。

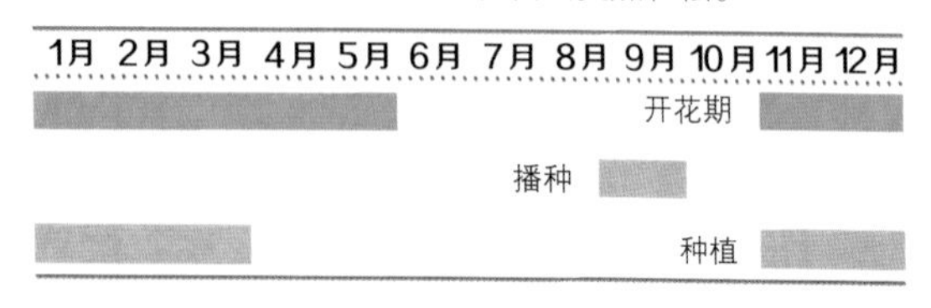

种满多色带褶边的大花三色堇‘弗拉明戈’的混色花坛。

有着美丽薰衣草紫花色的小花三色堇‘紫雨’。

报春花

科名：报春花科 分类：一年生花卉、多年生花卉 花径：1.5 ~ 8cm
株高：5 ~ 40cm 花色：红、白、粉、黄、橘、蓝、紫

淡黄色的‘奶昔’，花量非常多。

像玫瑰一样盛开的报春花‘新娘头纱’。

花茎细小、花量大的小种樱草。

早春盛开的娇艳花朵

想为冬春时节装点颜色时必不可少的植物。品种繁多，包括耐寒好种的多花报春‘朱利安’，初春开始就竞相开放的小种樱草，不耐寒但非常适应阴暗环境的鄂报春等。

品种不同，其耐寒性、耐热性也会不同。要根据种植的地区或场所、时期、种植方法来选择合适的品种。

多花报春和小种樱草之类比较耐寒的品种，如果光照不足，会导致不易开花、长势不佳。要放在光照充足，不会受严寒、结霜影响的地方。

所有品种都不喜欢干燥的土壤。开花时期如果缺水，花朵也会受损，土壤表面干燥之后就要尽快充分浇水。勤剪枯花，每个月施2次或3次液肥，就能让花长时间开放。

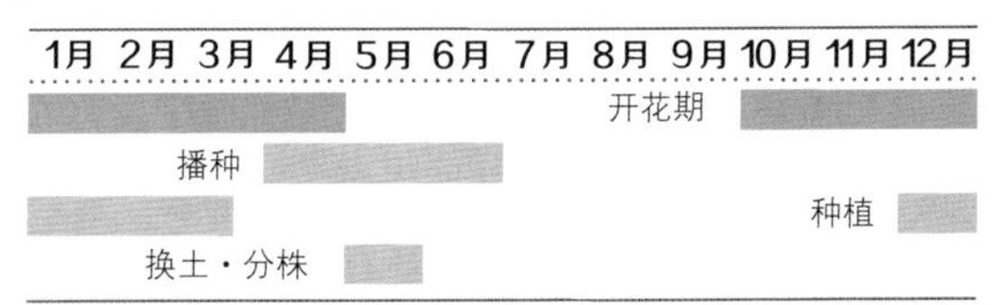

〔春〕

金鱼草

科名：车前科 分类：一年生花卉、宿根花卉 花径：3 ~ 4.5cm
株高：10 ~ 100cm 花色：红、白、粉、黄、橘

花期长、玫红花色的金鱼草‘十四行诗粉’。

金鱼草‘双生桃子’为矮性品种，分枝多、花量大。

色彩缤纷的花穗引人注目

原产于地中海沿岸，本身是宿根花卉，但作为一年生花卉栽培。因为形似金鱼而得名，也有形状像铃铛的品种。

喜欢充足的光照和排水性好的肥沃土壤。虽然耐寒性较强，但如果不是温暖地区，还是需要注意防寒防霜。定植的适宜时期是春季，但温暖地区培育植株较高的品种时，需要在严寒到来之前定植。气温升高后容易缺水，土壤表面干燥后就需要马上充分浇水。每个月施缓效性的合成肥料3次或4次。枯花也要尽快摘除。

直接购买育苗钵种植的就十分方便，当然从种子开始培育也很简单。种子很小，不需要填土。

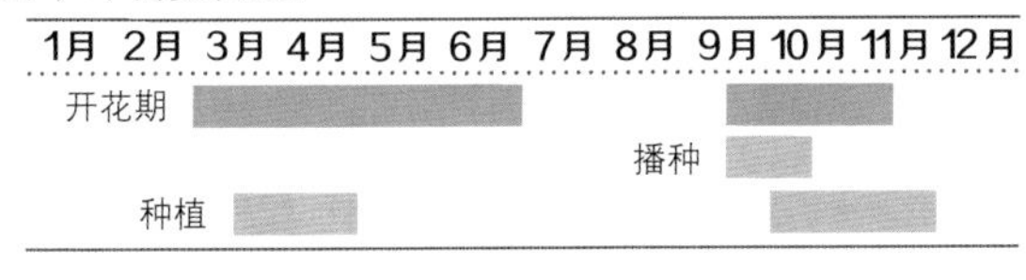

水仙

科名：石蒜科 分类：球根植物 花径：2 ~ 13cm 株高：10 ~ 60cm
花色：黄、白、橘

清秀的花姿自古以来备受青睐

水仙是球根植物，原产于欧洲到北非的地中海沿岸地区，早在古希腊时期就已经广泛栽培。

喜欢光照良好、排水性佳的地方。对土质没有特别的要求，偏好砂质土壤。如果要直接种在庭院里，最好选择夏季是半阴处的位置。如果氮肥施加过多，或者排水不佳，容易导致球根腐烂，需要注意。如果是种在花坛里，到 30cm 深处都需要松土，再加入缓效性的合成肥料作为基肥，然后将种球埋在大概 3 个球根深的位置。如果是种在花盆里，要将种球整个埋进土里，让根部能够充分扩张。冬季根部也在努力伸展，要注意浇水，避免土壤过于干燥。

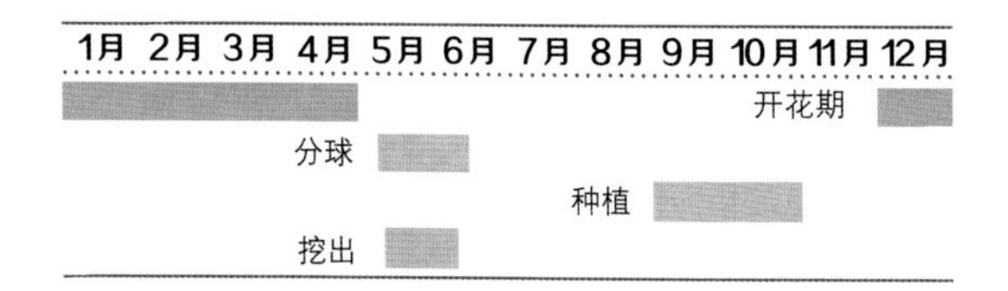

秀气的三蕊水仙‘塔利亚’，因为独形的花形而颇受欢迎

原种黄裙水仙有细细的叶片，开出喇叭形的花。

还有很多娇小而多彩的品种。

郁金香

科名：百合科 分类：球根植物 花径：3 ~ 10cm 株高：10 ~ 70cm
花色：红、黄、白、粉、橘、紫

春季的庭院中必不可少

从中亚到地中海沿岸，分布着 100 种以上的郁金香原种。现在栽培的品种有 300 种左右。最近，原种或者与原种形态相近的园艺品种也很常见。

单一品种的开花期较短，早生品种（3 月下旬至 4 月上旬）为 2 周左右，中生品种（4 月）为 10 天至 2 周，晚生品种（4 月下旬至 5 月下旬）约为 1 周。

为了能更长久地欣赏，可以把不同花期的品种进行组合，也可以选择重瓣花或鹦鹉郁金香等花期较长的品种。晚秋时节种到约 2 个球根深的位置，在春季开花前，要偶尔浇水，防止过于干燥。

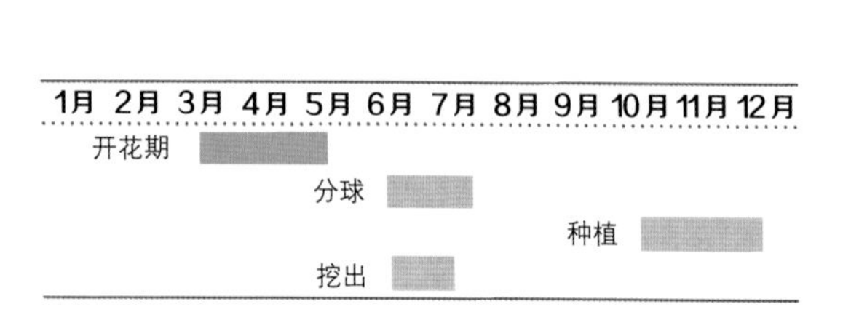

花坛里整片的郁金香‘害羞女孩’盛开，光彩夺目。

柔和的粉紫色重瓣花‘安吉丽娜’十分有人气。

粉蝶花

科名：紫草科 分类：一年生花卉 花径：2 ~ 4cm 株高：15 ~ 30cm
花色：蓝、黑紫、白

浅蓝色花朵配上泛着银色的叶片，是充满魅力的‘铂金天空’。

淡色的花朵边缘带着深蓝紫色花斑的紫点喜林草。

有着澄澈天空般颜色的小花，多么有春的气息

一年生花卉，原产于北美西部，分布有 11 种原种。园艺中最常栽培的是日文名叫“琉璃唐草”的品种，也叫门氏喜林草，浅蓝的花色就像清朗的天空。

喜欢微凉干燥的气候，虽然有一定的耐寒性，但 -2℃以下的地区还是要做好防寒措施。生长适宜温度是 10 ~ 20℃。如果气温持续在 20℃以上，仅仅浇水也会让花茎旺盛生长。选择排水性好的砂质土壤，注意冬季保持土壤干燥，尽量控制株形。肥料用量也只需要最低限度。

发芽的适宜温度是 20℃左右，9—10 月是播种时期，但天气再冷一些也能顺利发芽。温暖地区可以再晚一些播种。粉蝶花是直根系植物，不适合移植，直接在花坛里播种就能发芽。

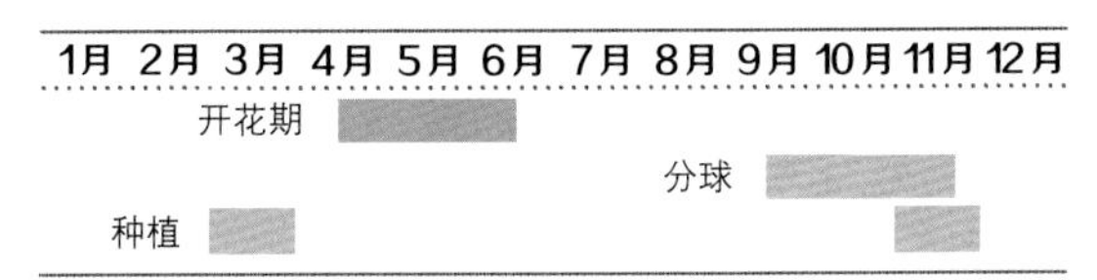

葡萄风信子

科名：天门冬科 分类：球根植物 花径：2 ~ 5mm（花房 2 ~ 30cm）
株高：10 ~ 60cm 花色：紫、蓝、白

秀气可人，颇受欢迎

分布于地中海沿岸和西南亚的小型球根植物，已知有 30 种左右的原种。人工栽培的是其中十几种原种及其园艺品种。

耐寒性强，喜欢排水性好的砂质土壤。不喜欢酸性土壤，需要提前用白云石灰等调整酸碱度。喜欢光照，但如果不移植的话，要在夏季将其种在荫蔽处。肥料只需要基肥，不需要再额外施肥。

种植的适宜时期是 10—12 月。如果提早种植，长出的嫩芽可能会受到寒气侵蚀。在温暖地区，叶片会生长过长，影响美观。为了避免这种情况，每年都需要把球根挖出来重新种植，或者种在排水性好的地方。

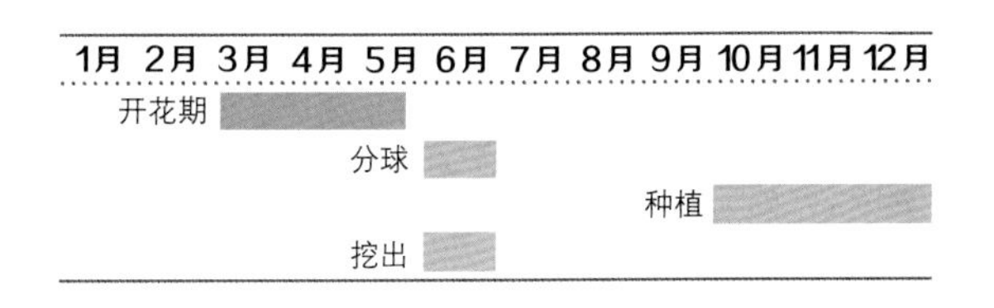

以蓝色的亚美尼亚葡萄风信子为中心，种植着多种葡萄风信子的花坛。

花毛茛

科名：毛茛科 分类：球根植物 花径：3 ~ 15cm 株高：20 ~ 60cm
花色：红、粉、白、橘、黄、浅紫

花形饱满的花卉

分布于欧洲南部到西南亚的球根植物，花色丰富艳丽，花瓣错落层叠。主要种植在花盆里，温暖地区也可以种在花坛或者花槽里欣赏。

选购种植在育苗钵中的花苗时，要尽量选择芽多、带着下叶、叶色健康的。

群植在花坛或者大型花槽里时，颜色缤纷多彩，花姿富态饱满，非常养眼。

适宜微凉干燥的气候，喜欢光照和排水性好的肥沃砂质土壤。冬季要放在温暖的地方。除了基肥，发芽后和开花前还要施加缓效性的合成肥料。

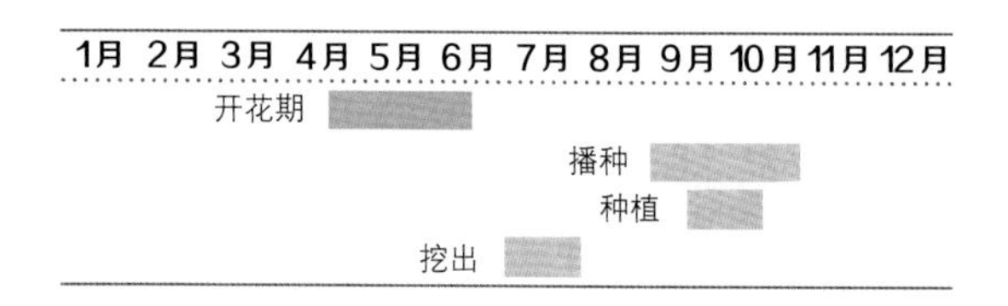

花瓣繁复华丽、颜色缤纷多彩的重瓣花毛茛。

作为宿根花卉培育、每年开花的花毛茛‘阿里丹’。

勿忘草

科名：紫草科 分类：一年生花卉 花径：0.8cm 左右 株高：10 ~ 50cm
花色：蓝、粉、白

与郁金香的搭配是春季的固定节目

因为“勿忘我”的传说，比起花卉本身，它的名字更加广为人知。实际上日本培育的品种，不同于传说中勿忘草的原型，是更加小巧的园艺品种。粉彩的花色满是春的气息，非常适合观赏，常作为花坛和小型花园的底色。

想在花坛中培育个头更大的勿忘草，就要尽早种下小小的幼苗。稍微长大一点的苗不喜欢移植，而带着花蕾的苗则不能长得更大了，适合用来做组合盆栽。如果有充足的空间，可以直接在花坛里播种。发芽后进行减薄，来隔开距离。喜欢光照和排水性好、适度湿润的土壤。干燥的环境和过多的肥料都不利于其生长。

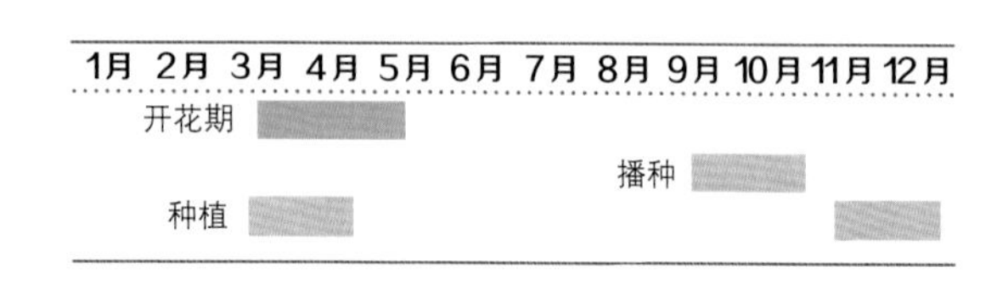

小小的蓝色花朵，很难让人不喜欢。

开着白色小花的森林勿忘草‘白色泡沫’。

开着可爱粉色花朵的高山勿忘草的桃色花品种。

风铃草

科名：桔梗科 分类：一年生花卉、宿根花卉、多年生花卉 花径：1～4cm
株高：5～200cm 花色：蓝、紫、粉、白

明丽素雅，别有风情

主要分布在北半球的温带到亚寒带地区，原种约 300 种。与变种紫斑风铃草是亲戚，虽然花的大小不同，但都是蓝色或紫色、形似吊铃的花朵。

大部分品种喜欢凉爽干燥的气候，不喜高温多湿。温暖地区可以选择彩钟花等耐热的品种。

喜欢通风良好、日照充足的地方和排水性好的砂质土壤。不适合酸性土壤，需要事先调整土壤酸碱度。肥料用量也要控制，在生长旺盛时期偶尔施加液肥即可。买到种子可以直接播种。发芽适宜温度约为 20℃，4—5 月种下，1 周左右就能发芽。宿根、多年生的种类，要在 3 月或者 10 月中旬至 11 月进行分株。

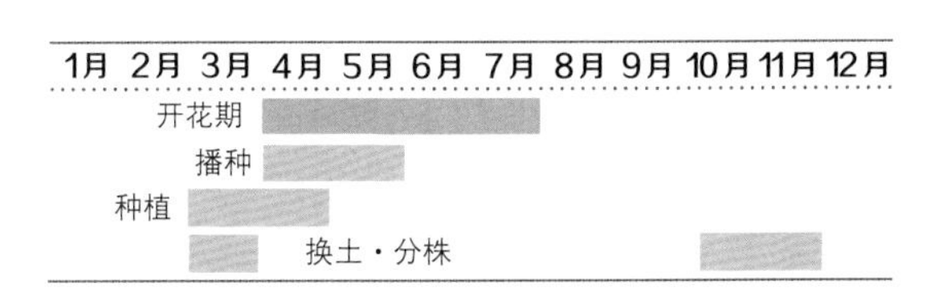

不管是花坛种植还是做切花都颇有人气的彩钟花。

波旦风铃草，也叫达尔马提亚风铃草。

玉簪

科名：天门冬科 分类：宿根花卉 花径：3～8cm（叶径 10～50cm）
株高：10～90cm 花色：白、淡紫 叶色：绿、黄绿、蓝绿、斑纹

适合背阴的庭院

分布在东亚，有 40 种左右的原种。除了可以赏花，叶片也非常美丽，作为彩叶植物而受到青睐。

多为带斑纹叶片或者浅色叶片的品种，大多数不喜阳光直射。因为叶片的颜色、形状都很丰富，用多变的配色来装饰光照不佳的庭院最为合适。

很好打理，虽然根据品种不同，适宜的栽培环境多少会有些差别，但都耐寒耐热，高温时期喜欢半阴环境。喜欢排水性好、腐殖质多的土壤，对土质没有特殊要求。不喜干燥，要注意勤浇水，保持土壤不过于干燥。肥料方面，只要有足够的基肥就可以了。

1月 2月 3月 4月 5月 6月 7月 8月 9月 10月 11月 12月
开花期
种植
换土・分株

中型、叶色浅亮的金旗玉簪。

有明显白色斑纹的‘圣诞前夜’。

老鹳草

科名：牻牛儿苗科 分类：宿根花卉 花径：1 ～ 5cm 株高：10 ～ 60cm
花色：红、粉、白、蓝、紫

适合路边的带状花坛

以全球的温带地区为中心，分布有 300 种以上的原种。在日本分布的有中日老鹳草、沙头老鹳草等品种，其中观赏性高的品种常作为山野草栽培。

基本上都不喜欢高温多湿的环境，但也有很多像血红老鹳草等欧洲产的品种，对环境要求并不高。

土壤不能过于潮湿，喜欢有坡度或者有高低差的排水性好的地方。喜欢光照，但盛夏的高温下还是需要在通风良好的半阴处。

夏季蒸腾作用加快，如果枝叶互相交错，需要修剪整齐利落。春季和秋季是适宜生长的时期，追肥给植株补充营养，可以让花更好地开放。

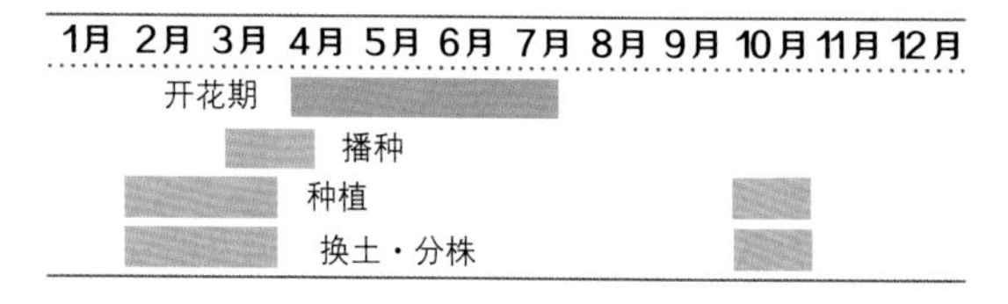

大朵的草地老鹳草。

开着美丽的天蓝色花朵的‘约翰蓝’。

开粉色花的大根老鹳草。

花朵中心呈白色的溪边老鹳草。

毛地黄

科名：车前科 分类：一年生花卉、二年生花卉 花径：5 ～ 7.5cm
株高：40 ～ 150cm 花色：红、粉、白、黄、紫、橘

大串美丽的花穗令人印象深刻

以欧洲为中心，包括北非和中亚地区，分布有 20 多种原种，古时候就作为草药栽培。

容易种植，喜欢光照和排水性好、略微干燥的土壤，但在阴凉处也不影响开花。原本是二年生花卉，但也有像‘福克西’那样作为一年生花卉种植的品种。在花坛里填入腐殖质多的肥沃土壤，充分松土，然后种下。到了秋季幼苗就能长大，熬过寒冬之后，第二年就会开出美丽的花。

直接播种就能轻松繁殖。发芽的适宜温度是 20 ～ 25℃。原本 5—6 月播种，第二年开花；9 月播种，第三年开花。但作为一年生花卉的品种 9 月播种第二年就能开花。

毛地黄的花茎又高又直，满载着像小喇叭似的花穗。

开奶油黄色花的矮性品种‘卡利昂’。

杂交毛地黄‘霓虹火焰’。

翠雀

科名：毛茛科 分类：一年生花卉、宿根花卉 花径：2.5 ~ 4cm
株高：25 ~ 100cm 花色：蓝、紫、白、粉

英式花园里必不可少的角色

以北半球的温带地区为中心，分布着 200 种以上的原种。园艺品种主要是以欧洲到西伯利亚地区分布的品种培育出来的。蓝色或紫色的花穗充满清凉感，是夏季英式花园里不可或缺的植物。可以种在路边带状花坛的后排，也可以作为组合盆栽的主角。

喜欢凉爽干燥的气候，高温地区很难培育。不喜欢酸性土壤，需要提前调整土壤酸碱度，保持土壤干燥。除了基肥，还要根据生长状况每月各施液肥 1 次或 2 次。

播种繁殖。发芽适宜温度是 15℃左右，超过 20℃会严重影响发芽。在花盆里撒两三颗种子，覆上泥土，约 2 周后就能发芽。

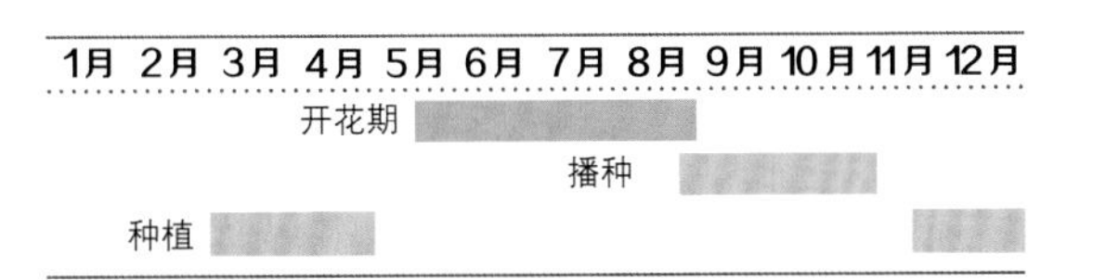

长着湛蓝天空般颜色花穗的‘F_1欧若拉・浅蓝’，种在花坛里也一样美丽。

矾根、黄水枝

科名：虎耳草科 分类：宿根花卉 花径：0.7 ~ 1cm
株高：20 ~ 60cm 花色：红、粉、白

充满个性的叶片让其成为“名配角”

矾根是在美国大概分布有 70 种品种的宿根花卉，还有大量叶色五彩缤纷的栽培品种。黄水枝主要分布在北美的森林地带，也是宿根花卉，和矾根是近亲。

两者都很容易种植，耐寒也耐热，但不喜夏季的高温干燥。要避免种在午后阳光直射的位置。喜欢略微潮湿、明亮的半阴处。种在排水性好、腐殖质多的土壤里就能茁壮生长。适宜种植的时期是春季或者秋季，种得略微深一些，基肥要用缓效性的合成肥料。时间久了之后，茎干长得过于高大，影响美观，需要尽快摘心，促进侧芽生长。春季或者秋季挖出进行分株。摘心时剪下的枝条直接插土里也可以繁殖。

1月 2月 3月 4月 5月 6月 7月 8月 9月 10月 11月 12月
开花期
种植
换土・分株

黄水枝‘春之交响曲’有着可爱的淡粉色花穗。

有美丽的琥珀色叶片的矾根‘焦糖’。

矮牵牛

科名：茄科 分类：一年生花卉、多年生花卉 花径：3 ～ 10cm
株高：20 ～ 50cm 花色：蓝、紫、红、粉、白、橘、黄

像要倾覆整盆花一样大量盛开

在南美南部分布有大约 40 种的原种，也有很多园艺品种。怕严寒也怕酷暑，还怕下雨，但人工培育的新品种对寒冷、高温和下雨天气的抗性已经越来越强了。喜欢光照良好和排水性好、腐殖质多的肥沃土壤，不能过于潮湿，尤其是高温多湿的夏季，湿度过高会让植株变得虚弱，要等土壤表面彻底干燥之后再浇水。

如果施加的肥料浓度过高，可能会遭受肥害，所以在生长旺盛的开花期也得勤施低浓度的液肥，或者定时施加缓效性的合成肥料。其中‘索菲尼亚’等品种对肥料的依赖度较高。枝叶一旦变得杂乱就要尽快修剪。播种繁殖，发芽的适宜温度略高，为 20 ～ 25℃，在 4 月中旬至 5 月播种比较好。

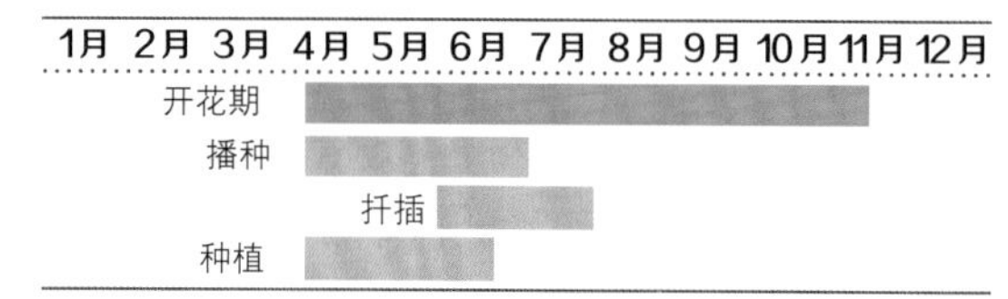

小小花盆几乎要承载不下满满盛开的矮牵牛。

花瓣上有心形花纹的美丽‘桃心’。

娇小、花量大的‘俏俏’。

木茼蒿

科名：菊科 分类：多年生花卉 花径：2.5 ～ 5cm 株高：20 ～ 120cm
花色：红、白、粉、黄、橘

除了清秀的白花品种，黄花、粉花品种也颇具人气

用原产于加那利群岛的半灌木多年生花卉培养出来的园艺植物。人们比较熟悉的是清秀的白色花朵，也有红、黄、粉等花色，还有花形也不一样的品种。温暖地区冬季就能开花。

耐寒性、耐热性都比较弱，喜欢温暖的冬季。对土质并不挑剔，只要是排水性好的土壤即可。等土壤表面干燥之后再充分浇水，如果是盆栽，要尽量避免长时间淋雨。开花期间，每个月施加 2 次或 3 次液肥，或者使用缓效性的合成肥料。花开完后，及时修剪，调整形态。经过一个夏季的生长，耐寒性会相对增强一些。开花后用扦插的方式繁殖。生长较快且状况良好的枝芽，修剪切口后再扦插。

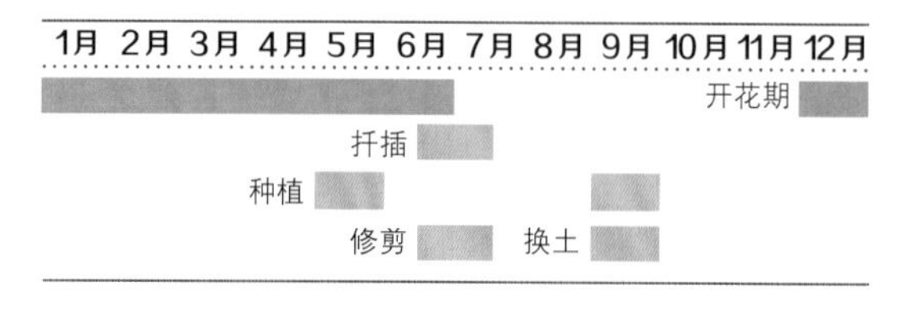

适合种在花坛里的白花品种‘境白’。

‘彗星粉’可爱的粉色花朵。

苏丹凤仙花

科名：凤仙花科 分类：一年生花卉 花径：1 ～ 5cm 株高：10 ～ 60cm
花色：红、粉、白、橘、紫、黄

适合半阴处的花坛或花槽

是凤仙花的“亲戚”。除了澳大利亚、新西兰和南非，世界其他温带到热带地区均有分布，原种有800种以上。

虽然很耐热，但不喜强烈光照。夏季要放在半阴处避免强烈阳光直射。新几内亚凤仙花对光照的接受度高一些，但还是要避免午后的阳光。怕寒，喜欢肥沃轻薄的土壤。不能缺水，但也不能过于潮湿。等土壤表面干燥后，尽快充分浇水。需要施肥，除了基肥，每月还要施加3次或4次液肥。植株长大后蒸腾作用也加强，容易受潮，需要修剪枝叶。新几内亚凤仙花的根比较容易打结，要早点换土。

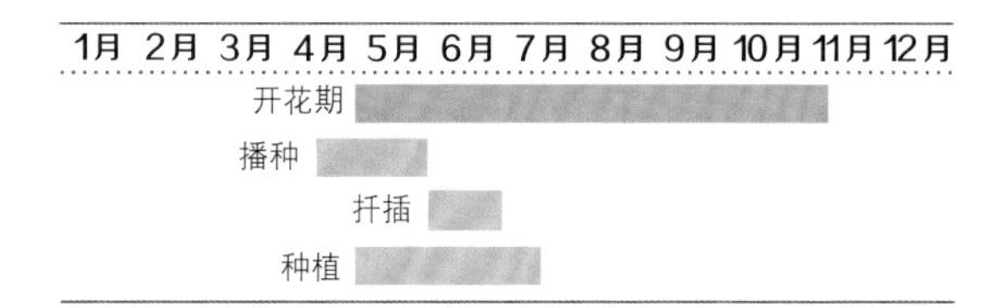

单瓣花，中心呈白色的‘星云’。

重瓣花‘嘉年华 粉色奖券’。

容易种植的杂交种‘桑蓓斯白’。

波斯菊

科名：菊科 分类：一年生花卉 花径：3 ～ 8cm 株高：30 ～ 200cm
花色：红、粉、白、黄、橘、黑褐

各式品种从初夏就接连盛开

从美国南部到中部地区分布有20种以上的原种。人工栽培较多的是原产于墨西哥的一年生波斯菊和黄秋英。从春到夏，除了有钵苗在市面上出售，也有商家直接卖盆栽花。

很容易种植，只要有充足的光照和排水性好的土壤，对土质没有特殊要求。在贫瘠的土地中也能生长，但是长势会不太理想。如果施肥过多，茎叶肆意生长，会导致植株倒伏，开花时间也可能延迟。土壤不能过湿或过干，要注意浇水，防止过于干燥。播种就能轻松繁殖。发芽适宜温度是15 ～ 20℃，但黄秋英喜欢更高一些的温度。4月下旬至5月上旬在花盆里撒下两三颗种子，1周左右就能发芽。

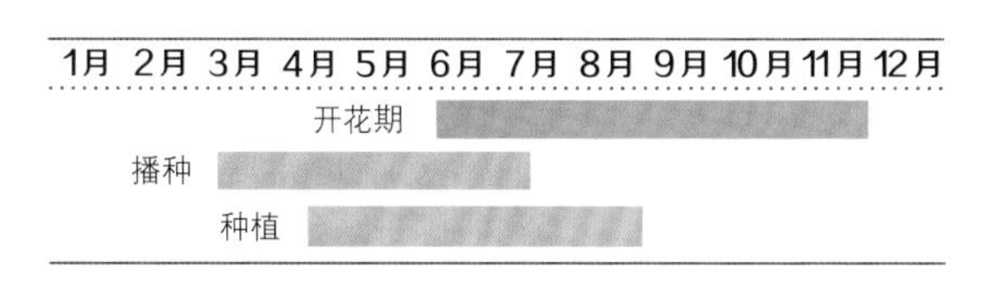

粉色大朵的‘灵犀一指’。

筒状花瓣的‘贝壳’。

粉红色重瓣大波斯菊‘双击’。

因黄色的花色而备受关注的‘黄色校园’。

鞘蕊花

鞘蕊花有多种园艺品种，让夏季的花坛更加绚烂。

科名：唇形科 分类：一年生花卉 花径：0.8～1cm 株高：20～100cm
叶色：红、紫、黄、绿、橘、茶褐

叶色变化丰富

亚洲到非洲的热带地区分布有60种左右的原种。被广泛栽培的品种主要是鞘蕊花和五彩苏两种，由此培育出了大量叶色、形状、尺寸均不相同的园艺品种。

喜欢高温多湿的半阴环境，有些品种在光照强烈的地方也能正常生长，叶片不会受损。喜欢排水性和通气性好、腐殖质多的土壤。不喜欢土壤过湿或过干，在土壤表面干燥后就要充分浇水。肥料除了一开始的基肥要用缓效性的合成肥料，还要根据生长状况不定期施肥。茎叶如果过长会影响美观，要及时修剪整理。播种或者扦插都能轻松繁殖。

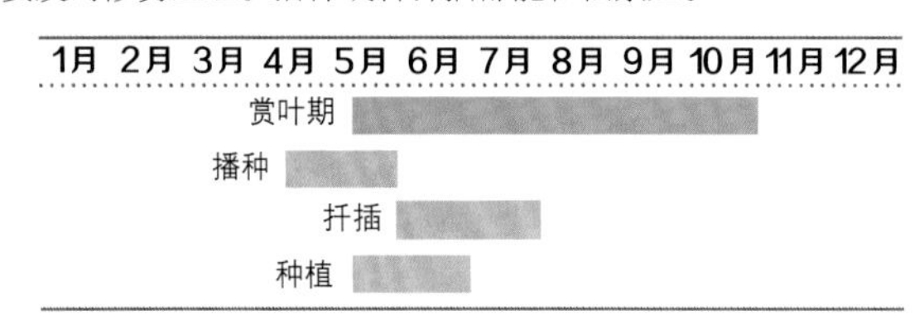

鼠尾草

宿根型的墨西哥鼠尾草。

科名：唇形科 分类：一年生花卉、宿根花卉 花径：2～7cm
株高：30～200cm 花色：红、粉、白、紫、蓝、黄

有带芳香或可作药材的品种

在全球温带到热带地区分布有900种以上的原种。有些品种可作为药材，还有带芳香的品种。

品种不同，耐寒性也不同。但即使是半耐寒性的品种，只要保持5℃以上，就能稳稳度过冬季。喜欢光照和排水性好的地方，土壤不能过于干燥，加入充足的腐殖质可以让保水性更佳。浇水在土壤表面干燥后进行即可。

除了需要足够的基肥，生长发育旺盛的春夏时节还需要追肥，可以是液肥或者缓效性的合成肥料。花开完后及时连枯花带茎叶一同剪掉，能促进侧芽生长，继续开花。作为一年生花卉栽培的品种播种繁殖。作为宿根花卉的则在3月进行分株，5—6月扦插繁殖。

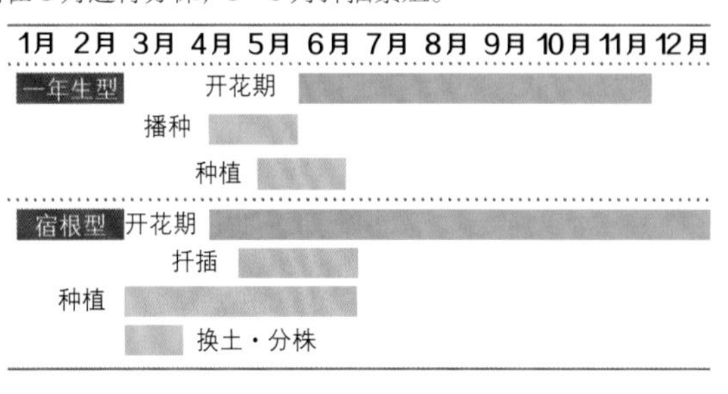

一串红的园艺品种‘火炬之光’。

一年生鼠尾草的代表品种‘一串红’。

大丽花

科名：菊科 分类：球根植物 花径：3 ~ 30cm 株高：20 ~ 200cm
花色：红、粉、白、黄、橘

花形饱满，富丽堂皇

在美洲中部的山地分布有 30 种左右的原种。人工培育的园艺品种数量多达 1 万种以上。

由于是原产于热带高原的植物，所以比较喜欢微凉的气候，适合生长的温度为 15 ~ 20℃。不喜高温多湿的环境，需要通风良好、光照充足的场所和排水性好、腐殖质多的土壤。

种植的深度要确保芽能高出地表 5 ~ 10cm。浇水在土壤表面干燥之后再进行。肥料除了基肥，还要在春、秋两季的生长期使用缓效性的合成肥料追肥。温暖地区可以在梅雨季结束后修剪茎叶。

等到秋季叶片开始枯黄，就可以把球根挖出，把块茎剪开，第二年继续种植。

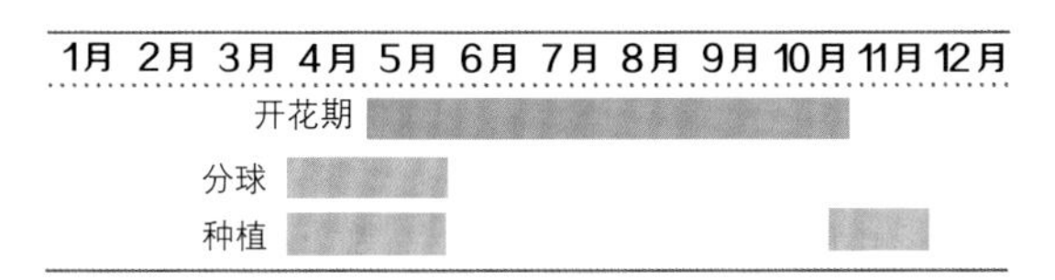

夏季到秋季，在花坛彰显存在感。

中型花、叶片带暗紫色的‘午夜之月’。

华丽的针形花瓣。

蔓长春花

科名：夹竹桃科 分类：一年生花卉 花径：2.5 ~ 5cm 株高：15 ~ 60cm
花色：红、粉、白、紫红、浅紫

最爱盛夏骄阳

丝毫不惧盛夏的炎炎烈日，是夏季的花坛里不可或缺的一抹华丽色彩。分枝性强，能自然地形成完满的外形，花朵接连盛开，仿佛要压倒整个植株，在日本被称作“日日草”。怕寒，气温下降花朵就会变小。

有迷你型的，也有重瓣花，各种花形的改良品种接连登场，还出现了薰衣草般浅紫色的品种。

喜欢高温干燥，不喜光照不足和土壤潮湿。在光照充足、通风良好的地方，土壤排水性好的话，对土质不太挑剔。除了基肥，还要根据生长状况定期施加缓效性的合成肥料。

发芽温度是 20 ~ 25℃，4—5 月在花盆里撒两三颗种子，覆盖土壤，10 天左右就能开始发芽。

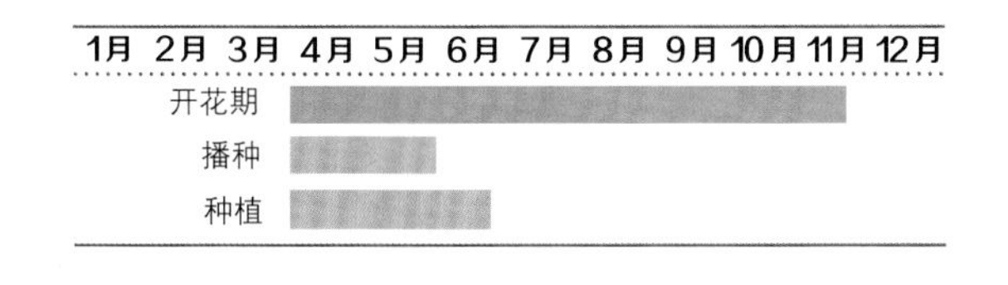

非常容易种植的夏花，花色、花形年年增多。

迷你型的‘仙女星白’。

秋海棠

科名：秋海棠科 分类：一年生花卉 花径：1～3cm 株高：15～40cm
花色：红、粉、白

能自然形成半球形

秋海棠在全球除澳大利亚以外的热带和亚热带地区，广泛分布着2000种以上的原种。

相对耐寒、耐热，温暖地区即使放在室外过冬也不奇怪。喜欢排水性好的肥沃土壤。土壤不能过于潮湿，等土壤表面干燥后再充分浇水。在初夏以及秋季的生长发育时期，用液肥或者缓效性的合成肥料进行追肥。高温时期容易遭受肥害，不宜施肥。炎热地区的夏季，枝叶容易凌乱，在夏季到来之前或者结束时要进行修剪，整理形态。播种繁殖，但它的种子非常细小，处理时要十分注意。重瓣花的品种扦插也能繁殖。

1月 2月 3月 4月 5月 6月 7月 8月 9月 10月 11月 12月
开花期
播种
种植

四季秋海棠‘波尔米亚玫瑰双色’。

园艺品种重瓣秋海棠。

大型的木本品种‘龙翼红’。

万寿菊

科名：菊科 分类：一年生花卉 花径：1～12cm 株高：15～90cm
花色：黄、橘、白、红褐

以黄、橘两色著称的花

从墨西哥到非洲南部分布有约50种原种，被广泛栽培的主要有非洲万寿菊、法国万寿菊和墨西哥万寿菊三种。法国品种不太适应酷暑严寒的环境。因为夏季的炎热而变得虚弱的植株，姿态也显得凌乱，需要在夏末时节进行修剪。非洲品种适应高温，害怕寒冷，而墨西哥品种害怕酷暑。

不论哪个品种，都喜欢光照、喜欢排水性好的土壤，对土质并不挑剔。氮肥如果施加过多，会导致枝叶过于繁茂，所以需要控制施肥量。万寿菊抗干燥能力比较强，可以等土壤表面彻底干燥后再浇水。在夏季高温干燥期，容易受到叶螨侵害，需要尽早喷洒2次或3次杀虫药。播种繁殖。发芽的适宜温度为15～25℃。

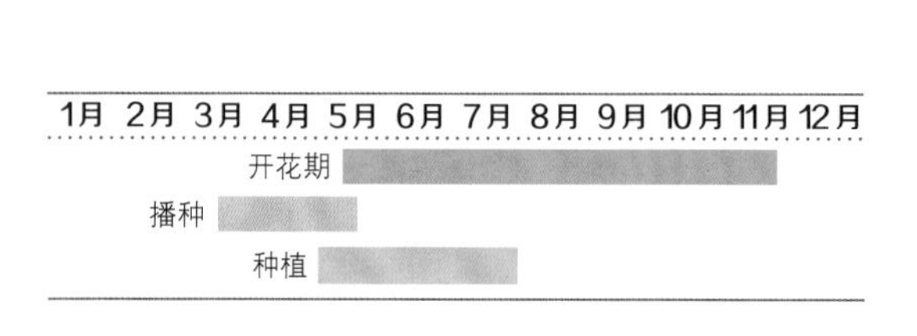

法国万寿菊（孔雀草）‘富源’。

非洲万寿菊‘完美黄色’。

Chapter 3

疑难问题

解答Q&A

关于花卉种植最基础的疑问、种植后遇到的典型问题，本章将会以问答的形式进行简明易懂的讲解。

- 常见疑问
- 花枯了！
- 花没精神！
- 不开花！
- 枝条太长了！
- 怎么种？

常见疑问

光照不佳也想培育出美美的花。有能在荫蔽处种植的花吗？

A 有一定光照的话可以种打破碗花花，阴暗处可以种蝴蝶花等。

虽然都可以称为荫蔽处，但环境也是千差万别的。首先要确认环境阴暗到什么地步。想要准确知道环境的阴暗程度，可以用照度计等工具来检测实际的明亮度，这样有些费事的话，至少要确认从早到晚是否有受到光照的时间段，如果有，大约多长时间。另外，即使没有光照，也要确认大致的明亮度。站在玄关处，看看自己的影子是否清晰，如果能清晰地看到形状，可以说是半阴的程度。

其次，在确认环境的光照和阴影状况的同时，提前观察土壤的干燥程度也十分重要。不要觉得阴影处土壤就一定潮湿，在下雨后，观察土壤恢复干燥需要几天。可以的话，用手触摸土壤来感受最好。在土壤不过于潮湿的前提下，根据光照情况选择合适的植物。

虽然有光照，但时间少于半天，其他时间为半阴状态，土壤排水性好的话，可以种植毛地黄、打破碗花花、美国薄荷等光照微弱也能开花的宿根花卉。另外，也适合栽培柔毛羽衣草、耧斗菜、星芹等，和玉簪、斑纹槭叶草等长着美丽叶片的植物组合，即使是缺乏光照的环境，也能充满配色的变化，呈现带有季节感的庭院作品。

Point 组合盆栽多姿多彩

即使阳光直射时间只有几小时，但只要有半阴程度的明亮度，就可以把蝴蝶花、玉竹、白及等适应性强的宿根花卉和筋骨草、矾根、黄水枝等小巧精致、有着美丽枝叶的植物进行搭配。如果能开花的植物比较少，可以采用堇菜、旱金莲等一年生花卉的开花株和水仙、郁金香等球根花卉的开花株，再加上大岩桐、长筒花等时令盆栽花卉就可以展现一幅美景了。

如果几乎没有阳光直射，半阴状态也不到半天的话，虽然打造一个繁花盛开的庭院有些困难，但也未必做不到。可以用荚果蕨、肾蕨等蕨类植物和疏叶卷柏，以桧叶金发藓、大灰藓等苔藓植物作为基底，搭配青木、柊树等小乔木，打造一个和风庭院。

光照不佳也大放异彩的植物

Q 想打造“绿帘”，用哪些花草、蔬菜比较合适呢?

A 花草可用美国牵牛花和茑萝，蔬菜可用苦瓜、丝瓜、黄瓜、南瓜等。

“绿帘”以大量或大片的叶片遮挡强烈的光照，减缓房屋的室温上升，以达到节省能源的效果，成了近年来热议的话题。苦瓜和丝瓜等因为生长迅速、旺盛繁茂、遮光效果强，还能摘取果实，所以常被用来打造“绿帘”。其实只要是藤蔓植物，耐热性好，生命力强，都可以用来制作“绿帘”。只不过，绿帘是用来防暑的，如果冬季也枝叶繁茂、遮挡阳光，就不太好了。所以需要选择只在夏季生长茂盛的一年生植物，或者冬季地上部分会枯萎的宿根植物。

作为苦瓜和丝瓜的“蔬菜伙伴”，也可以用黄瓜、南瓜等藤蔓植物。南瓜要选择小型品种，培育方法和丝瓜一样，但容易得白粉病，需要注意。

在朝南的窗边打造的花坛。茄子和鼠尾草等香草植物种在前面，后面是苦瓜和黄瓜的绿帘。

可以收获苦瓜、黄瓜的蔬菜“绿帘”。

Point 牵牛花推荐美国牵牛花或者变色牵牛

想要打造五彩缤纷的“绿帘”，就要用到藤蔓植物，而其中花色丰富又容易入手的，要属牵牛花了。但是普通牵牛花显得有些单薄，最好选择生育旺盛、枝繁叶茂的美国牵牛花或者变色牵牛（琉球牵牛）、天蓝牵牛（西洋牵牛）等。这些品种都是牵牛花的亲族品种，喜欢高温多湿的环境和排水性好的沙壤土。注意土壤不能太干燥。除了基肥，还要根据生长状况定期追肥，这样牵牛花才能旺盛生长。开花期从初夏到秋季，蓝紫色、粉色、白色等直径10cm 以上的花接连开放。

同样是牵牛花亲戚的茑萝和金鱼花，也可以用来制作“绿帘”，但这两种植株比较单薄，需要缩小间距种植，或者混种一些苦瓜。茑萝和金鱼花与美国牵牛花习性相同，用同样的管理方式栽培即可。

倒地铃圆滚滚的绿色果实十分可爱。

Q 想要清除蔓延的问荆、酢浆草和苔藓植物，应该怎么做？

A 了解杂草的特性，对症下药。

打理花坛、庭院最麻烦的事情之一就是除草。尤其像问荆这样，不仅根茎长在地下 30 ~ 40cm 的地方，在 1m 左右深的地方还有块茎。杂草的源头来自块茎，所以仅仅拔除杂草的话几乎不可能彻底清除它。不过，虽然问荆喜欢酸性土壤，不喜碱性土壤，神奇的是，它的叶片里却含有碱性成分，据说大范围蔓延后其枯叶中的碱性成分转移到土壤中，最后会导致自身的死亡。所以，不使用除草剂的除草方法就是利用这个特性，多撒消石灰，用铲子尽可能深地把碱性土壤混合到地下深处，阻碍问荆的生长发育。一次不行，就多重复两三次。

被各种杂草入侵的庭院。

讨厌碱性土壤的问荆。想徒手除草需要持之以恒。

Point 酢浆草通过种子和延伸的茎繁殖

酢浆草和问荆不同，通过落下的种子和向四面八方延伸的茎繁殖。一旦生根发芽，就能迅速生长，等反应过来，它已经盘踞了一方领地。要去除酢浆草，只能使用草坪用的阔叶杂草除草剂，或者用手拔除。徒手拔草要在结种以前，连着地下的球根和块茎一起拔除。有些种子能落到 1m 开外的地方，所以连周围的酢浆草也要一并除掉。

酢浆草生长迅速，落下的种子一眨眼工夫就蔓延开来。

去除苔藓，首先要确保庭院土壤干燥

想要去除苔藓，首先必须要保持庭院土壤的干燥。为此要挖一些沟，把水排到庭院外部。如果挖不了沟，就在庭院地势最低的地方挖一个大坑，填入石头、沙子埋好，人为制造一个排水性好的位置。然后，因为苔藓不喜欢土壤酸度变化，可以通过撒石灰等操作改变土壤酸度，让苔藓枯萎。另外，苔藓也讨厌含有氮元素或者铁元素的肥料，可以撒一些硫酸亚铁和硫酸铵使其枯萎。

外表就让人不快的地钱。苔藓植物不能适应土壤的酸碱度变化。

Q 哪种黄色花卉能忍受午后斜阳，并且春夏开花？

A 万寿菊、百日菊等多种菊科花卉可供选择。

夏季高温多湿、光照强烈，对许多植物来说生长条件十分严酷。尤其是午后阳光直射的场所，热量容易堆积，即使对于耐热性强的植物来说也不适合生长。所以，从春到夏，想用同一种花卉来装饰就有些困难，只能考虑在开始变热的4月下旬至5月上旬的初夏到盛夏开花的花卉。

初夏至盛夏开花的黄色花卉代表之一就是万寿菊，尤其是非洲万寿菊，能忍受盛夏的高温干燥，也不怕强烈光照，从初夏到秋季，大朵的黄色花朵傲然开放。它的“亲戚”法国万寿菊也有多种耐热性强、开花期长的品种。黑足菊的花径虽然只有2～3cm，但花形浑圆。

万寿菊‘超级英雄喷雾器’

向日葵‘柠檬女王’

黄帝菊

黄秋英株高 30 ～ 90cm，花径 4 ～ 6cm，可爱的黄色小花覆满枝头，从初夏到秋季，一边伸展茎叶一边持续开花。如果想选择入夏以前到秋季开花的品种，有百日菊、小百日菊、金光菊、天人菊、矢车天人菊等。

菊科以外可以选择马齿苋，其茎叶匍匐伸展，枝上带有透明感的黄色小花连连开放，不仅耐热性强，还不怕干燥，但在阴影处不会开花。另外，球根植物美人蕉从入夏前到秋季，也能连续盛开大朵的花。

马齿苋

堆心菊·秋色

堆心菊

天人菊（重瓣花品种）

金光菊‘塔考’

金光菊‘草原阳光’

橐吾‘午夜佳人’

金鸡菊‘星团’

蛇目菊

Q 怎么用枯叶制作腐叶土?

A 混合米糠，促进发酵，就能快速制成腐叶土。

腐叶土，主要是阔叶树的落叶堆积后半腐烂，几乎看不出叶片原貌但还没完全成为土壤的状态。排水性、保水性、通气性都很优秀，常用作园艺用土或土壤改良。本来多用青刚栎、麻栎、夏栎、水青冈等阔叶落叶树林里堆积的腐叶土，但现在也有很多人工制作的腐叶土，制作的时候加入牛粪、鸡粪、米糠等，可作为堆肥使用。

制作腐叶土时主要用阔叶落叶树叶。楠木、山茶树等常绿树的厚叶和松树、杉树等针叶树的树叶腐烂需要花很长时间，并不适合制作腐叶土。

制作腐叶土最简单的办法：如果庭院里有富余的空间，挖个洞用木板围起来，在里面倒入落叶，用水打湿，上面盖上土，再用塑料薄膜覆盖，然后放置等待即可。每隔 2 ~ 3 个月掀开一次塑料薄膜，混入新的落叶，再盖上薄膜，继续放置，如此重复。叶片看不出形状就算完成了，需要 8 ~ 12 个月。如果每堆一层 10 ~ 20cm 厚的落叶就撒上一层薄薄的米糠，可以加速发酵，6 ~ 9 个月就能完成。但需要每个月都混合一次。

用来自制堆肥的庭院一角。只要有空间，愿意花时间，就可以制作成熟的腐叶土。

腐叶土的制作方法

把加厚的塑料袋戳几个排水用的洞，放入落叶，混合米糠，用水打湿，重复这几步。

装满的塑料袋，绑紧袋口，压上重物。

Point 用塑料桶或加厚塑料袋也可制作

如果院子里没有多余的空间，也可以用大号的塑料桶（30L 以上）或者垃圾袋来制作腐叶土。在塑料桶和垃圾袋上戳出排水用的孔，加入混合的落叶和米糠，用水打湿后在上面用重物压住。每隔 2 ~ 4 周进行重新混合，6 ~ 9 个月就能制成腐叶土。

成熟腐叶土

腐叶土

东南亚产的腐叶土

Q 庭院土壤的排水性很差，有没有改良的办法?

A 挖排水沟，或者挖一个大坑集水。

改善庭院排水状况的方法之一，就是在院子外面挖一个排水沟。如果不能挖排水沟，就在最容易积水的地方挖一个大坑，填入石头、沙子用来集水。种植花水木、齿叶溲疏的亲族品种、青木等在潮湿土壤中也能生长的树木，可以起到干燥土壤的作用。如果庭院面积在 10 ~ 20m^2，用挖坑集水、种植耐湿植物的办法就能大致改善排水性。如果庭院面积在 30m^2 以上，则必须挖一个池塘来集水。

如果选择挖排水沟，要从容易积水的地方挖到庭院外面，并保持一定倾斜度。如果庭院地势比周围低，是水分汇聚的地形的话，则需要加盖土壤抬高庭院地面。尤其是都快积水成潭的情况，需要测量庭院和周边土地整体的高低差，在修正高低差后再挖排水沟。

用排水坑、小池塘或者排水沟改善排水性后，就可以打造花坛了。如果排水性实在不好的地方，要堆一个高地来制作花坛。堆高地的土可以用挖排水沟、排水坑多出来的土。一年生花卉的花坛需要抬高 10cm 以上，宿根花卉的花坛需要抬高 30cm 以上。

用泥苔进行栽植的准备

①用尖口铲等工具对 30 ~ 40cm 左右深度的土壤进行松土。

②在要种植的地方铺上厚厚的泥苔，直到看不见土壤表面。

③用移植铲等工具把泥苔和土壤混合，防止泥苔结块。

Point 黏土与泥苔等腐殖质混合

黏土可以与调整好酸碱度的泥苔、腐叶土、树皮堆肥等腐殖质混合，调整为适合植物生长发育的土壤。混合用的腐殖质占比30%左右，尽量充分混合。如果一次性无法混入30%的腐殖质，在对花卉进行换土时，可以混入10%左右。混入前尽量搅碎黏土，均匀混合腐殖质，这一点很重要。

酸碱度调整后的泥苔

挖坑改善排水性

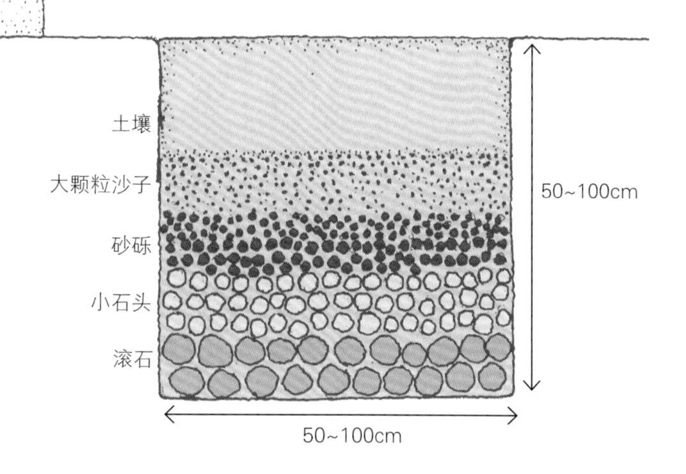

●坑的大小根据庭院面积调整，但尽量保持在直径1m × 深度1m以上。

●用在花坛里的土壤可以用挖坑时挖出的黏土加上30%的腐殖质。改良黏土最合适的就是泥苔，充分混合后，就有防止黏土结块的效果。

花枯了！

Q 巧克力波斯菊为什么在夏季容易枯萎?

A 这种植物不擅长过冬越夏，尤其要注意天气较热的夜晚。

巧克力波斯菊是原产于墨西哥的波斯菊的近亲品种，因其花色像巧克力，香味也像巧克力，所以称为“巧克力波斯菊”。它像大丽花一样在地下长着球根但不适应干燥环境，所以无法挖出球根储藏起来过冬，只能作为多年生花卉处理。目前，其野生品种视作已经灭绝，人工栽培的品种也可能是同一株母体栽培而来，所以无法结种。不过，近年来出现了和黄秋英杂交的品种，花色、形态都各不相同，作为巧克力波斯菊的同类栽培。

巧克力波斯菊凭借其别致的外观和巧克力般的甜香，备受欢迎。也可用作切花。

夏季高温期，要注意防潮、防干燥

虽然波斯菊很容易种植，但作为近亲的巧克力波斯菊，其原种和一般波斯菊比起来难伺候许多。又怕热，又惧寒，过冬或越夏失败而枯萎是常有的事。因为原本是生长于墨西哥中部的亚热带高原地区，耐寒性较差，球根受冻就容易枯死。耐热性也不太好，30℃以上的高温，尤其是夜间温度连续达到 25℃以上的地区，土壤要是过于潮湿或者干燥，根部容易受损，就会导致植株变得脆弱，枯死的情况也不在少数。

7—9 月的高温期，需要把花放在通风良好、明亮的半阴处，同时注意防止过湿或者过干，在土壤表面干燥之后再充分浇水，尽量保持凉爽的环境。尤其是修剪枝叶后，叶片的数量变少，千万要注意土壤不能过于潮湿。另外，盛夏高温期不要施肥。

春、秋开花，容易种植的改良品种巧克力波斯菊‘布朗胭脂’。

在光照充足的阳台上种植，到了夏季就变得无精打采。

●巧克力波斯菊的栽培日历

	1月	2月	3月	4月	5月	6月	7月	8月	9月	10月	11月	12月
开花期					开花期（园艺品种）			开花期（原种）				
场所	防寒		光照充足的场所				明亮半阴处			光照充足的场所		
浇水				土壤表面干燥后尽快充分浇水				土壤表面干燥后充分浇水				
施肥			基肥		追肥					追肥		
栽植			栽植									
换土			换土									
修剪								修剪				
分株			分株									

Q 庭院土壤的排水性很差，有没有改良的办法？

A 高温多湿、光照过强会导致铃兰虚弱。

铃兰是一种宿根花卉，分布在东亚的凉爽地区。作为盆栽经常出现在花店，欧洲产的德国铃兰比日本产的铃兰花形更大，花茎更高，香味也更浓，而且更容易种植，耐热性也更强，在温暖地区被广为栽培。

日本铃兰比起德国铃兰，面对高温多湿的环境和高温下的强烈光照时，抗性较弱。在持续 30℃以上的高温天气下，植株变得虚弱，生长状况不佳，强烈光照还可能导致叶片晒伤，甚至直接枯萎。另外，高温期土壤过于干燥也可能导致植株虚弱，需要注意。铃兰还没开花就枯死，很多都是这样越夏失败的案例。

市面上流通的铃兰大多是容易种植的德国铃兰。

Point 夏季要在通风良好、凉快的半阴处进行管理

铃兰喜欢低温下的光照，春季到初夏，以及整个秋季要放在光照充足的地方。而气温上升到 30℃前后的 5 月下旬至 9 月下旬，要放在通风良好的半阴处，尽量保持清凉。另外，考虑到排水和保湿，栽培基质可用小颗粒的赤玉土和泥苔或腐叶土以 2 ∶ 1 的比例混合，再加上 10% ~ 20% 浮石。如果天气过于干燥，可以考虑铺设覆盖物。

只要平安度过夏季，之后的管理就十分容易了。生长发育旺盛的时期，等土壤表面干燥之后再充分浇水；休眠期的浇水频率则保持土壤表面不要过于干燥即可。肥料方面，春秋栽植时投入缓效性的合成肥料作为基肥，开花前后再用较为稀薄的液肥追肥 2 次或 3 次。

寒冷地区可将铃兰种在夏季是半阴处的石头花坛里。植株会慢慢生长，顺利开花。

把铃兰种在仅上午能受到几小时光照的地方，就能每年开出漂亮的花了。

●铃兰的栽培日历

1月 2月 3月 4月 5月 6月 7月 8月 9月 10月 11月 12月

开花期

光照充足的场所　通风良好的半阴处　光照充足的场所

土壤干燥程度　土壤表面干燥后尽快充分浇水

基肥　追肥（稀薄的液肥）　追肥　（缓慢生效的合成肥料或者有机肥料）基肥

栽植　栽植

换土　换土

分株

Q 有些屈曲花为什么会从植株基部向上逐渐枯萎？

A 花开完后，要修剪枝叶，调整姿态。

屈曲花大约有 40 种品种，分布于以地中海沿岸地区为中心的西亚和北非。栽培的品种主要有一年生的香屈曲花和多年生的常绿屈曲花。从基部开始一直枯萎到叶片、姿态比较凌乱的是常绿屈曲花，其容易种植、花量多，从春季到初夏的花期也相对较长，经常用来盆栽或者种在石砌花坛里。

屈曲花原本生长于南欧光照良好的具有岩石地貌的岩石上或者石头缝里，所以花茎的分枝性很强，匍匐，一般横向生长，枝头朝上生长开花。虽然分枝性强，但时间一长，基部附近的茎会变得僵硬，只有上方的茎干继续分枝。因为是常绿植物，基部附近的茎落叶后，不长新芽就不会长新叶，不知不觉叶片掉光了，只剩下茎干分外显眼，十分影响美观。

常绿屈曲花，白色小花齐齐开放。

Point 姿态凌乱的植株要一点点修剪

为了避免上文描述的情况，在花开完后，需要轻轻修剪掉枯花和连着的茎，让芽发出来。整理植株的形态时，肆意生长而变得凌乱的枝条要剪短。因为茎枯死的比较多，不能一口气全都剪短，而要尽量留着叶片，一点点修剪，促进发芽。实在过长的茎，就抱着会枯萎的想法剪掉，用扦插的方式更新植株。扦插的适宜时期是在开花后的 9 月下旬至 10 月上旬，剪成 5cm 左右的长度，插在鹿沼土里 1 ～ 2 个月就能生根了。

用来衬托蓝色风信子的常绿屈曲花种在花坛边沿，让美丽更显眼。

作为组合盆栽的名配角，可以种在原种系郁金香和蓝瑰花前面。

●常绿屈曲花的栽培日历

1月 2月 3月 4月 5月 6月 7月 8月 9月 10月 11月 12月

开花期

室外光照充足

少量浇水　土壤表面干燥之后浇水　土壤略微有些干燥时浇水　土壤表面干燥之后浇水　少量浇水

基肥（缓慢生效的合成肥料）

栽植、换土　栽植、换土

花后的修剪

播种　播种

扦插　扦插

Q 欧石南在夏季枯萎了，怎么让它在第二年再开花呢?

A 花开完后就果断换土。

欧石南作为冬季的盆栽花卉很受欢迎，大致可以分为原产于非洲南部的和原产于欧洲的两个品种。基本上，原产于非洲南部的欧石南耐热怕寒，原产于欧洲的则耐寒怕热。不管哪个品种，大部分都在冬季到第二年春季开花，花开完后到夏季的这段时间则旺盛生长。盛夏的高温期，生长发育会减缓。进入秋季，天气变凉快后，又开始长出花芽，冬季到第二年春季继续开花。

铃兰欧石南原产于非洲南部，开着像日本吊钟花一样的白色小花。

原产于非洲南部的圣诞欧石南容易种植，比较能顺利地度过夏季。

Point 夏季要注意过湿和缺水，在半阴处管理

欧石南原本是生长于荒地的常绿灌木，是杜鹃花的“亲戚”。细根在地下浅层密集延伸，所以土壤过于潮湿或者干燥都不行。盆栽的话，开花后要把用土的 1/3 ~ 1/2 换掉，加入新的鹿沼土等，否则根部过于延伸，容易打结，浇水时水分不容易渗透，尤其是夏季，可能会导致缺水。

换土后的植株，茎也要修剪掉 1/3 ~ 1/2，暂时放在明亮的半阴处管理，等长出新芽后再移动到光照充足的地方。30℃左右的气温持续的日子，需移动到通风良好的半阴处。土壤表面干燥后尽快充分浇水。每个月施加 2 次或 3 次稀释的液肥，直到梅雨季结束。

梅雨季过后到初秋这段时间要注意土壤过湿和缺水的问题，盛夏用给叶片洒水的方式浇水。入秋之后，气温降到 30℃以下，就可以放到向阳的地方，接着就会长出花蕾、开出美丽的花。

欧石南‘白双喜’，原产于非洲南部，刚开花时是白色的，慢慢地会变为粉色。

原产于非洲南部的园艺品种欧石南‘冬日烈焰’。

原产于非洲南部的无梗石南。

●欧石南的栽培日历

1月 2月 3月 4月 5月 6月 7月 8月 9月 10月 11月 12月

开花期（根据品种有所不同） 开花期（根据品种有所不同）

朝阳 通风良好的半阴处 朝阳

土壤表面干燥后浇水 土壤表面干燥后尽快充分浇水 土壤表面干燥后浇水

追肥（每个月2次或3次液肥）

换土

修剪（剪除 1/3 ~ 1/2）

扦插 扦插

花没精神！

Q 萱草生病了，变得垂头丧气怎么办？

A 容易感染絮状真菌，需要喷洒杀菌剂。

萱草有 30 种左右的原种分布于东亚地区，是一种宿根植物，花形较大，形似百合。引入欧洲以后进行了品种改良，培育了很多形状、大小、花色各不相同的园艺品种。萱草每朵花只开一日，所以又有“日花百合”之称。

本来原产于日本的品种常作为杂交的母本，以容易种植而为人熟知，但这并不代表它不会受病虫害的侵害。枯叶病、斑点病、菌核病等都是它易得的病症，这些都和絮状真菌脱不了干系。絮状真菌导致的植物病害非常多，不同种类的真菌会引发各种各样的病症。

萱草

虽然每朵花只开一天，但因为会陆续开花，所以可以长时间欣赏。

Point 根据絮状真菌的种类和症状选择合适的杀菌剂

为了防治病害，阻止病害的扩大，要根据遭受病害的植物种类、真菌的种类，以及症状的不同，选择有效的药剂。所以，在喷洒杀菌剂以前必须要做的事，就是明确病害的种类。

一般常用的杀菌剂都含有百菌清。百菌清是一种对大部分种类的植物病害都有效果的综合杀菌剂。但是，百菌清对蔬菜、果树的大部分病症有效，对花卉就仅限于百合的枯叶病、郁金香的褐斑病、玫瑰的白粉病和黑星病等少数病症。针对花卉的絮状真菌导致的病症，用甲基托布津水和剂或者苯菌灵更能广泛缓解各种症状。

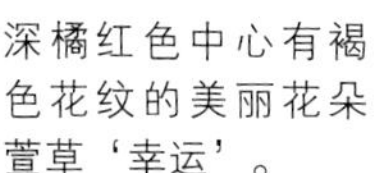

深橘红色中心有褐色花纹的美丽花朵萱草‘幸运’。

有的品种花形娇小却有大片花瓣，花形富于变化。

●萱草的栽培日历

1月 2月 3月 4月 5月 6月 7月 8月 9月 10月 11月 12月

开花期

室外光照充足处

不需要特意浇水

追肥（开花后） 基肥

栽植

换土

分株

Q 天竺葵为什么一到夏季就没精打采?

A 气温攀升到 30℃以上，植物生长就会变得迟缓。

拥有五彩缤纷的花色，从春季一直开花到秋季的天竺葵，因为原产于非洲，所以常被误认为是热带植物，但其实它原本是既怕热又怕冷的温带地区的植物。虽然其原种生长的地点不尽相同，但我们现在广泛栽培的天竺葵都是用温带地区半沙漠地带生长的几个品种杂交后的园艺品种。

生长发育的适宜温度是 15 ~ 23℃，虽然每个品种都略微不同，但气温一旦持续在 30℃以上，基本上都会影响开花，生长状况也会变差。天竺葵尤其不喜土壤过度潮湿和梅雨季等湿度较高的时期，如果浇水的强度还跟梅雨季以前一样，土壤就会过于潮湿，从而阻碍生长，不仅花开不了，不耐热的品种甚至会直接枯死。

天竺葵和香叶天竺葵相对比较耐干燥，所以常用来种在吊篮或者窗台花箱里。

Point 避免强烈光照，保持略微的干燥

为了避免上文所述情况，需要等土壤表面彻底干燥之后再浇水，尽量保持土壤略微干燥。为了防止植物因此受损，最好将其放在下午能避开烈日直接照射、通风良好的明亮半阴处和上午能晒到阳光、比较凉爽、不会被雨淋湿的地方。同时，土壤不仅要保持干燥，最好也别施肥。

土壤要选择排水性好、腐殖质多的肥沃弱酸性或弱碱性土壤，可以按 2 ∶ 1 的比例混合腐叶土或者泥苔。春季到梅雨季，以及整个秋季要放在光照充足的地方。只要温度能保持在 2℃以上，就可以放在朝南的屋檐下或者阳台上过冬，基本上可以顺利开花。

叶片边缘呈白色纹路的天竺葵，衬得红花分外娇艳。

近亲品种香叶天竺葵因为散发着清甜的香气，作为香草也非常受欢迎。代表品种是玫瑰天竺葵。

作为盆栽花卉受人喜爱的天竺葵，放在庭院里也是视线的焦点。

●天竺葵的栽培日历

1月 2月 3月 4月 5月 6月 7月 8月 9月 10月 11月 12月

开花期

朝南屋檐下・室内　户外向阳处　屋檐下（避雨）　半阴处　户外向阳处　屋檐下・室内

保持干燥　土壤表面干燥后浇水　土壤彻底干燥后浇水　土壤表面干燥后浇水　保持干燥

追肥（每个月 2 次或 3 次液肥）　追肥（每个月 2 次或 3 次液肥）

栽植、换土

修剪、整枝　修剪、整枝

扦插　扦插

Q 星草梅虽然开花了，但是为什么个头很小?

A 夏季过于炎热，会导致植物很难长大。

星草梅是广泛分布于北美东部温带森林的宿根植物。密集纤细的茎叶丛生，初夏会开出娇弱的小白花，既适合日式庭院的风情，在欧式自然庭院中也毫无违和感，而且容易打理，是庭院常用花卉之一。

星草梅的寿命很长，在庭院中一旦安家落户，只要环境不是十分恶劣，大多可以存活10年以上。即使放任不管也能独自生存，但不太适应高温多湿的环境，在温暖地区炎热的天气下，植株很难长大。尤其是盛夏高温期强烈的光照和过度的干燥，会导致叶片晒伤，植株不仅会变得虚弱，严重时还可能枯死。

夏季种在树荫下的星草梅，长得十分健康挺拔。

Point 选择排水性、保水性俱佳的土壤

在温暖地区种植星草梅时，从梅雨季过后到 9 月下旬的炎热时期，要尽量把其种在落叶树的树荫下等通风良好、明亮的半阴处。最好是排水性、保水性俱佳，腐殖质多的肥沃弱酸性砂质土壤。如果种在花盆里，则要在土中加入 1 ∶ 1 的小颗粒赤玉土和泥苔。特别炎热的地区则要在土壤中加入等量的小颗粒赤玉土、较粗的山砂或川砂，以及腐叶土，提高土壤的排水性和透气性。

除了盛夏高温期，其他时期的星草梅是很耐旱的。直接种在庭院中的话，只要土壤不是过于干燥，一般不用浇水。盆栽的话等土壤表面彻底干燥后再充分浇水即可。只需要在初春开始生长发育之前，施加有机肥料或者缓慢生效的合成肥料即可。

因纤细的花形而备受喜爱的星草梅。

只要种在合适的地方，植株就能不断长大、年年开花。

种在夏季仅上午能受到光照的地方，开花状态最佳。

●星草梅的栽培日历

1月 2月 3月 4月 5月 6月 7月 8月 9月 10月 11月 12月

开花期

向阳　通风良好的明亮半阴处　向阳

土壤表面彻底干燥后充分浇水

有机肥料或者缓慢生效的合成肥料

栽植　栽植

换土　换土

分株　分株

Q 虎耳草一到夏季就萎靡不振，连叶子都不长了怎么办？

A 转移到能避免高温干燥和阳光直射的地方。

虎耳草耐寒性较强，由于本身生长于山地水边湿润岩石之上，所以喜欢略微清凉潮湿的环境，不喜高温干燥。当然，花店出售的红色、粉色品种是经过改良的园艺品种，比较容易种植，但还是继承了原种的不喜高温干燥、讨厌阳光直射、不适应干燥土壤等基本特性。因此，在炎热地区，夏季高温期会受到阳光直射、通风过于良好的地方，或者混凝土等人工建筑地面之类高温易干燥的场所，都是不适合种植管理的。另外，土壤如果过于干燥，植株就会虚弱，常常会导致叶片凋零。

种在树荫下大石头附近，比较利于生长。

种在花盆里的话，要使用排水性好的土壤，在基部铺上苔藓。

形似“大”字的虎耳草。

Point 秋冬季节放在光照良好的场所管理

温暖地区种植虎耳草，如果想要它年年开花，首先 10 月到第二年 4 月中旬要尽量放在光照良好的地方。4 月下旬到梅雨季结束之前，要放在上午能受到光照的地方。盛夏高温期则放在树荫下等明亮的半阴处。需要注意的是，如果光照不足，会导致植株生长失衡，影响开花。土壤要选择排水性和保水性俱佳、山野草常用的培养土。因为虎耳草不喜干燥土壤，所以生长发育时期要每天浇水 1 次，保持土壤湿润，防止植物缺水。气候比较干燥的时期，可以用喷雾给叶片喷水来维持湿度。施肥的时机在早春发芽的时候和秋季花开完后。添加少量有机质固体肥料或者磷酸和钾含量较多的缓效性合成肥料，切记不能施肥过多。

花瓣边缘有裂纹的园艺品种。

开重瓣花的白花品种。

种在树荫下的虎耳草，基部铺着松叶。

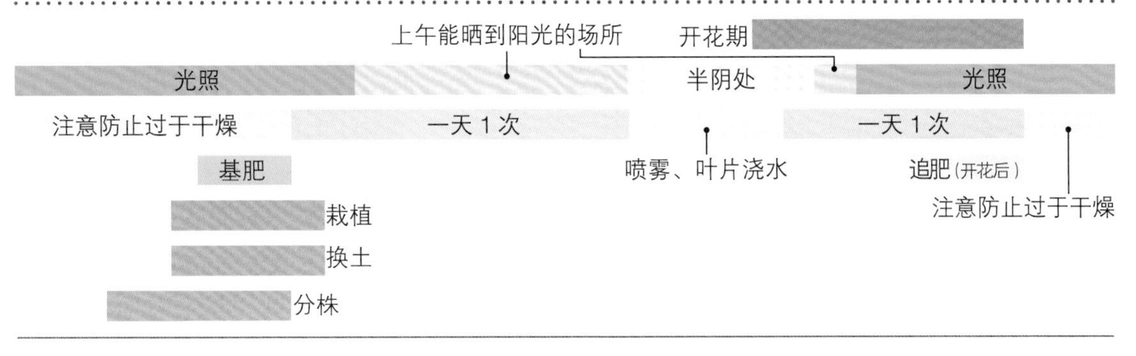

不开花！

Q 德国鸢尾不开花了，怎么让它多开花呢？

A 植株如果长得太大，很可能会影响开花。

德国鸢尾的原种原产地不明，据推测，大概是欧洲产的鸢尾花的几个品种杂交的产物。它粗大的根茎在地表附近大量分叉、扩散，虽然生长比较缓慢，但能长期保持生长，有些植株能长到1m长以上。然而，植株越长越大，根茎互相交缠，会阻碍生长，影响开花。

德国鸢尾的所有品种开花状态都很好，在花开完后或者9—10月，剪下新抽芽的根茎另行种植，第二年的5—6月又能继续开花。但是，德国鸢尾不喜欢土壤过于潮湿。在栽植根茎时如果将其整个埋进土里，会阻碍生长，甚至导致腐烂，所以必须要把根茎的上半部分露出地面，浅植即可。

华丽的德国鸢尾。上下花瓣颜色不一的品种很多。

也有上下花瓣颜色一样的品种，是庭院中的主角。

Point 注意不要施肥过多，防止过于潮湿

直接种在庭院里时，要尽量选择光照充足、通风良好、排水性好的位置。如果排水不佳，建议用土堆起一个加高苗床种植。如果要种在花盆里，可以选择 7 号以上大小的花盆，以 2 ∶ 1 的比例混合赤玉土和泥苔。因为德国鸢尾不喜欢酸性较强的土壤，所以要事先用白云石灰调整土壤酸碱度。

德国鸢尾也不太适应过于肥沃的土壤，如果肥料施加过多，容易得软腐病之类的疾病，尤其是氮肥切记不能施加过多。只需要在 3 月和 10 月，少量施加一些硫酸钾、过磷酸钙等不含氮元素的肥料即可。浇水方面，直接种在土里的只需要种植时浇一些水即可，盆栽的话，等土壤表面彻底干燥之后浇水，尽量保持稍微干燥。

喜欢光照充足、排水良好的环境，斜面或石砌花园正合适。

边缘呈蓝紫色的美丽园艺品种德园鸢尾‘祝贺’。

德国鸢尾的栽植

种植时露出根茎的上半部分。

德国鸢尾被称作“彩虹之花”，花色丰富。图中淡鲑鱼红色的花，中心呈橘色纹路。

●德国鸢尾的栽培日历（日本关东南部以西的温暖地区）

1月 2月 3月 4月 5月 6月 7月 8月 9月 10月 11月 12月

开花期

室外光照

栽植之后浇水

钙・磷酸

钙・磷酸

栽植

换土

分株

Q 怎么让购买的成品蕙兰第二年继续开花?

A 一整年都放在室内是开不了花的。

蕙兰是典型的盆栽植物，在其分布于东南亚地区、印度、日本的原种的基础上培育出了园艺品种。品种数量众多，植株的大小、花的颜色和形状各不相同。

其交配种分布于热带的高海拔地区，耐寒，耐热，容易种植。据说即使忘了浇水，在盆栽花卉中也是极易存活的。只是，想让它开花却有难度，如果把它当宝贝一样一整年都供在室内，不停施肥，是开不了花的。

外观华丽，花期又长，作为冬季的盆栽花卉十分有人气。

Point 在没有寒霜的危险后，就把花盆搬到户外

蕙兰本来就能根据四季变化来调节生长节奏。春季抽出新芽，入夏后生长发育、增加叶子数量，夏末到秋季充实植株本身，在秋季结束之前长出花蕾，冬季开花，如此便是一个生长周期。只要能配合它的这些变化来更换放置场所、浇水、施肥，让它开花也不是什么难事。正月购入的蕙兰盆栽，直到植株长满整个花盆都不需要换土。

在没有寒霜的顾虑后，就可以把花盆移动到户外朝东的地方了。待长出新芽后，每月施加 1 次发酵油粕，每次 5 个或 6 个，一直持续到 7 月上旬。浇水方面，在秋季以前都可以等土壤表面干燥后再充分浇水。梅雨季结束到 9 月上旬这段时间，要避免白天的强烈光照，用蕾丝窗帘之类的遮挡物遮住阳光，不需要施肥。9 月中旬后，气温开始下降，就又可以接受充足的光照，慢慢减少浇水量，不需要施肥。长出花蕾的植株，等花蕾长大后，移到室内光照良好的温暖位置。

换土建议等植株长满整个花盆后，在春季进行。准备一个大一圈的花盆，重新栽植即可。

直接购买市售的兰花用土、蕙兰用土等，十分便利。

●蕙兰的栽培日历

1月	2月	3月	4月	5月	6月	7月	8月	9月	10月	11月	12月
开花期		抽新芽		成长期				充实期（花蕾）		开花期	
室内			室外光照				遮光（30%）	室外光照		室内	
不能过于干燥			等土壤表面干燥后充分浇水							不能过于干燥	
			每月初施肥								
		栽植、换土									
		扦插									

Q 大花银莲花不开花是为什么？

A 大花银莲花不喜高温多湿的环境。开花的关键在于清凉越夏。

大花银莲花是分布于欧洲中部到西伯利亚的宿根植物，生长于林间或者光照良好的草地。形似小型的打破碗花花，从春季到初夏，略显大朵的白色五瓣花朵朵绽放，春季开花的银莲花花期相对较长。

比较容易种植，喜欢微凉且通风良好的干燥环境。不喜高温多湿的环境，在温暖地区很难顺利度过夏季，在寒冷地区则生长发育旺盛，可以作为地被植物培育。通过地下茎繁殖。在温暖地区，适合种在石砌花园或者落叶树下等初夏到秋季是明亮半阴、排水性好的位置。如果生长发育状况不佳，移植到花盆里也许更容易度过夏季，也更容易开花。

夏季也十分凉爽的寒冷地区，成片开花，覆满了地面。（白马阿蒂娜英式花园）

Point 盆栽种植更容易

盆栽种植的情况，可以使用山野草专用的培养土，或者在土中加入混合桐生砂、山砂的赤玉土。栽植、换土的适宜时期是9月下旬到11月，生长旺盛的话，可以1～2年换一次土。土壤不能过于湿润或干燥，在生长发育期的春天到秋天这段时间，等土壤表面干燥之后再浇水。肥料如果过多，可能导致形态凌乱，在开花后施加少量缓效性的合成肥料即可。有连续热带夜的炎热地区，在梅雨季过后到9月下旬，放在通风良好的明亮半阴处管理。耐寒性强，不需要做额外的防寒措施。

大花银莲花，开着楚楚惹人怜的白花。

放在通风良好的半阴处，或者不受午后阳光照射的树荫下，就能旺盛生长。

●大花银莲花的栽培日历（日本关东南部以西的温暖地区）

1月 2月 3月 4月 5月 6月 7月 8月 9月 10月 11月 12月

开花期

光照充足　通风良好的明亮半阴处　光照充足

土壤表面干燥后充分浇水

少量缓效性的合成肥料（花开完后）

栽植・换土

分株

Q 樱草不长新芽，如何让它第二年继续开花?

A 注意开完花后植株的管理，夏季要清凉度过。

樱草是报春花科宿根植物，春季开花。原产于日本，很容易种植。主要生长于光照良好的野地、河流岸边等潮湿的地方。非常耐寒，但不太耐热，所以不太喜欢高温干燥的环境。如果过于干燥，很可能枯死。

第二年不长新芽，大多是因为花开完后到秋季进入休眠前的这段时间，植物变得虚弱。花开完后，植株基部带着第二年新芽的根茎开始生长。这个新的根茎一旦长出地表，就容易受干燥、高温的影响，所以需要盖上泥土来保护它。如果忽略了这一步骤，就会导致根茎变得脆弱，新芽不长、花也不开了。

另外，夏季到秋季叶片枯黄掉落，但根部还在活动，如果土壤过于干燥，也会导致植株变得虚弱。所以，要把花盆放在通风良好、阴凉的半阴处，土壤表面干燥后注意浇水，保持湿润。

喜欢潮湿环境的樱草。

使用排水性、保水性俱佳的土壤，也可以作为盆栽植物观赏。

Point 进入休眠期后再换土

度过夏季后，植株会在晚秋时节进入休眠，避开冬季最寒冷的时期，可以在11月下旬至第二年3月中旬进行换土。把植株挖出，剪除黑色枯死的部分，切下带着三四个新芽的根茎重新种植。选择排水性、保水性和透气性俱佳，腐殖质含量高的土壤，土质没有特殊要求。放在不会受到寒风吹的地方过冬，注意土壤不能过于干燥。早春发新芽后，把花盆放到光照良好的场所。土壤表面干燥后浇水，每个月用液肥追肥3次或4次。花开完后到叶片枯黄前持续施肥的话，第二年应该就能继续开花了。

夏季放在通风良好的树荫下、潮湿的环境中，第二年还能继续开花。

自古受人青睐，有很多园艺品种，比如樱草‘三国红’。

●樱草的栽培日历

1月 2月 3月 4月 5月 6月 7月 8月 9月 10月 11月 12月

休眠　成长　半休眠（叶片枯黄掉落，但根部在生长发育）　休眠

开花期

向阳处（严寒时节注意避风）　通风良好的半阴处　向阳处

保持土壤湿润　土壤表面干燥后尽快浇水　土壤表面干燥后浇水　保持土壤湿润

追肥（稀薄的液肥）

栽植・换土　加土　栽植・换土

分株　分株

Q 想让东方百合‘卡萨布兰卡’第二年继续开花，可新芽和花蕾却遭遇虫害怎么办？

A 容易遭受病虫害和连作障碍，建议洒农药、进行换土。

‘卡萨布兰卡’是用日本产的天香百合和美丽百合等杂交而得的东方百合的代表品种，花形大、开花多、香味浓郁，十分有人气。

在庭院中寻一处通风良好、上午能照到阳光、下午处于明亮半阴处的地方，加入足够的堆肥或者腐叶土，与土壤混合均匀后种上‘卡萨布兰卡’，可以观赏 2 ~ 3 年。花开完后记得立刻摘除枯花，防止结种。施加肥料，细心管理叶片防止受伤，直到其秋季开始枯萎。这样一来，第二年就又能开出大大的花朵了。

盆栽也能保持 1 ~ 2 年开花。不仅仅是‘卡萨布兰卡’，其他百合品种也很容易遭受病虫害和连作障碍的影响，条件允许的话，建议每年都进行换土。挖出球根的适宜时期是 10—11 月，切除枯萎的茎，把根钵从花盆中整个拔出，将根钵解体时注意不要伤到球根。取出后的球根用杀菌剂消毒。直径 5cm 以上的大个球根，第二年也能开花，可以种到 7 号以上的深口花盆里，加入培养土，种在 10cm 左右深的地方。小个的球根或者鳞茎可以种在大塑料箱或者塑料种植盆里，把球根养得大一些。

白色大朵、花香浓郁，是最有人气的东方百合‘卡萨布兰卡’。

Point 沾了蚜虫就容易生病

百合的各个品种都很容易生病，一不小心就被病毒感染了，尤其是沾了蚜虫之后，更容易生病，要尽快驱虫。能观察到的虫害之一就是隆顶负泥虫。5—6 月，叶片或者花蕾如果被啃食，多半是这种虫子及其幼虫干的好事。一旦发现虫害，立刻使用驱虫药将其驱除。

百合的球根不光下侧会长出根，
上侧也会长，所以一些要种得深。

左边的黑色花是马蹄莲‘回忆’，右边的是豪华的重瓣花百合‘白冰’。

●百合‘卡萨布兰卡’的栽培日历（日本关东南部以西的温暖地区）

1月 2月 3月 4月 5月 6月 7月 8月 9月 10月 11月 12月

开花期

光照充足　半阴处　光照充足

土壤表面干燥后浇水　土壤表面干燥后充分浇水（注意防止干燥）

发芽肥料　追肥（花开完后）　基肥

土壤表面干燥后浇水

害虫・隆顶负泥虫

球根的栽植

球根的挖出

Q 假龙头花枝叶生长过长，反而不开花了怎么办?

A 改良点有土壤干燥、日照不足等。

假龙头花是广泛分布于北美东部的唇形科宿根植物，主要生长在河堤或者潮湿的草地上。其匍匐茎生长于地下，不断横向延展开，节上不断长出根和芽，最后长成郁郁葱葱一大片。过完冬的植株初春就冒出了芽，7—9 月在茎的前端长出花茎，然后开出筒状的粉色小花，满载枝头，形成一串花穗。

耐寒性、耐热性都很强，容易种植，对土质也不挑剔。但不太喜欢过于干燥的土壤，生长会因此受到阻碍，叶片受损，开花也受影响。另外，虽然在阴影处也能生长，但会一味地拔高花茎，不容易开花。

为了防止土壤过于干燥，需要在土中加入腐叶土、堆肥等腐殖质，增强保水性。直接种在土中不需要额外浇水，但土壤实在干燥的时期，在表面彻底干燥后还是需要充分浇水。光照不足时，要把植株移植到光照充足的地方，盆栽的话直接整盆移动。施肥方面，在 4—5 月抽芽后施加少量缓效性的合成肥料即可。

假龙头花的粉色小花形成一串花穗，常作为切花，备受青睐。

Point 每隔 3 ～ 4 年进行 1 次分株

由于假龙头花的生长十分旺盛，经过 3 ～ 4 年的生长，会出现中心部的长势受阻、周围植物受压迫的情况，所以要在 3 月、10 月下旬至 11 月把植株挖出，分株后再重新种植。

只要种在合适的环境中，植株年年茁壮成长，能开出大片的花。

白花品种‘水晶纯白’。花比粉色的品种稍稍稀疏一些。

在略微倾斜的石头花园灿烂开花的假龙头花。

●假龙头花的栽培日历

1月 2月 3月 4月 5月 6月 7月 8月 9月 10月 11月 12月

开花期

户外光照充足处

容易干燥的地方需要尽早多浇水

施肥（少量缓效性合成肥料）

栽植 / 栽植

换土 / 换土

分株 / 分株

Q 初夏种下的落新妇长势不佳，花量少还不开花，怎么办？

A 也许是栽植时间过晚，种下后马上遭遇了高温或缺水。

落新妇，主要是中国产的原种和日本落新妇杂交而成的虎耳草科多年生花卉。常被种在花箱或者宿根草花坛中。

很容易存活，耐寒耐热，但不喜高温时的干燥。在炎热地区，高温时如果受到阳光直射，容易导致叶片晒伤。如果土壤过于干燥，叶片会萎缩，植株也会因此变得脆弱。尤其是幼苗时期更容易受干燥影响，需要频繁浇水，直到枝繁叶茂为止。

另外，盆栽的情况下，根部充分扩张，在栽植时需要把根钵解体后再种植。哪怕好好浇水了，如果水分不被吸收，植株依旧不能顺利生长，最终会枯萎。成长过程中没有开花的苗，可能就会像这样，没有获得生长所必需的水分，从而枯萎。更遗憾的是，第二年抽芽的可能性也微乎其微。

落新妇细小的花朵开成一串串花穗，
叶片上纤细的叶裂也十分美丽。

开着粉色花朵的落新妇。主要花色有白色、
粉色、深红色等。

选择下午不会受到烈日直射的位置种植

直接种在院子里的情况下，在土中多加腐叶土、堆肥等腐殖质，均匀混合以提高排水性和保水性，将根钵解体后再栽植。在炎热地区，最重要的是选择下午不会受到烈日直射的位置种植。十分干燥的话，可以施加腐叶土和树皮等制作复合肥料。

春季到初秋这段时期，等土壤表面干燥后充分浇水。从发芽到花茎开始生长期间，用缓效性的合成肥料追肥 1 次或 2 次即可。

大量种植，在庭院中充分彰显存在感。

群植白色、粉色落新妇的花园。

充满魅力的深紫色园艺品种‘红色视觉’。

●落新妇的栽培日历（日本关东南部以西的温暖地区）

1月 2月 3月 4月 5月 6月 7月 8月 9月 10月 11月 12月

休眠　发芽、生长　休眠

开花期

室外光照充足处

土壤表面干燥后充分浇水

追肥（缓效性合成肥料 1 次或 2 次）

栽植・换土　栽植・换土

分株　地表覆盖　分株

枝条太长了！

Q 山桃草长得过于高大，能让它更小巧些吗？

A 摘心促进侧芽发育，可以保持株形，增加花量。

山桃草是分布于美国的得克萨斯州、路易斯安那州及墨西哥的多年生植物，从植株基部长出大量新芽，团簇生长，高度能达到 30 ~ 100cm，甚至更高，宽度也有 30 ~ 90cm。容易种植，生长旺盛，2 ~ 3 年就能长得十分高大，开花众多。但如果植株长得过高，过长的茎容易倒伏、弯曲，姿态也会变得凌乱。

山桃草很容易抽新芽，从植株基部长出的徒长枝尖端会开花。如果芽的数量太少，茎叶就会一个劲儿地生长，最后只长个子不开花。

为了防止出现这种状态，欣赏更小巧精致的花，就需要增加芽的数量。山桃草的茎上有很多侧芽，对茎的尖端进行摘心，侧芽就能顺势发出。在 5 月切除茎的尖端，促进侧芽生长，就能维持较为小巧的姿态，开出更多的花。开花的植株，在花期告一段落后，就可以把茎剪除 1/3 左右的长度。

随风摇曳的山桃草，带来丝丝清凉。花朵像小小的蝴蝶，惹人怜爱。

开着粉色花的园艺品种‘仙女之歌’。

Point 注意浇水、施肥不能过量

山桃草的生长十分旺盛，如果浇水过多，可能会让植株疯狂生长而变得脆弱难养。只需在土壤表面干燥后充分浇水即可。

施肥过多也是一样的问题，尤其是氮肥如果过量，植物空有长势，实则变得脆弱，姿态也容易凌乱。如果要施肥，只需要埋基肥或者冬肥，选择钾或者磷酸含量高的缓效性合成肥料，少量施加就足够。

另外，光线不足也可能导致植株徒长，要尽量选择光照、通风俱佳的场所。

为了满足市场对小型山桃草的需求，近年来出现了株高较低、可以花盆种植或者进行组合盆栽的品种，容易开花，花期也长。如果想观赏小巧精致的山桃草，直接选择这种园艺品种也未尝不可。

运用了小巧的园艺品种‘仙女之歌’的组合盆栽。与假龙头花的搭配，透着秋意。

山桃草主要的花色是白色和粉色。在庭院中种植的话，群植更能彰显存在感。

●山桃草的栽培日历（日本关东南部以西的温暖地区）

1月 2月 3月 4月 5月 6月 7月 8月 9月 10月 11月 12月

开花期

室外光照充足处

土壤表面彻底干燥后浇水　注意防止干燥　土壤表面彻底干燥后浇水

基肥（缓效性合成肥料）　基肥

栽植・换土　栽植・换土

修剪

分株　扦插　分株

Q 过江藤长得太长了，该怎么打理呢？

A 定期修剪，至少每年要剪短 1 次。

过江藤是广泛分布于全球热带到亚热带地区的马鞭草科常绿多年生草本植物。它的茎在地表呈匍匐状，四散长开从茎节处长出根，从而更加繁茂，因此常被用作地被植物。

‘日本岩垂草’是过江藤和姬岩垂草杂交而成的日本园艺品种，其他改良品种也被当作‘日本岩垂草’在市面上流通。‘日本岩垂草’的外观和普通过江藤基本没有区别，但生长更加旺盛，植株扩张很快，只要排水性尚可，对土壤的种类几乎不挑，都能顺利生长，所以常被用来作为路边斜面或者绿地的地被植物。

在一般家庭中也常用来作为草皮，但由于其繁殖力过强，如果空间比较小的话，不仅长满院子，还会入侵周边的植被或花坛，阻碍其他植物生长；还有的会依附在墙壁或者隔断上肆意生长。在光照不佳的地方，生长得更加繁茂。为了避免这种情况，至少需要每年进行 1 次修剪，在 6—8 月对植株整体进行修剪，保留芽的数量，保持“地毯”的状态。为了抑制它扩张到院子外面，需要在茎的尖端生长前、枝节部分长出根部前进行定期修剪。另外，尽量不要浇水施肥。

过江藤的改良品种‘日本岩垂草’。

Point 不能经受踩踏的地被植物要事先选好栽种位置

除过江藤外，维护成本较低的地被植物还有针叶福禄考、匍茎通泉草、百里香、藤蔓性蔓长春、头花蓼、沿阶草等。但有些不能承受踩踏，所以生长环境有限，需要提前选择适合种植的地点。

如果精心打理过江藤，也控制了浇水和施肥，还是无法很好地控制其长势的话，干脆把地被植物这一角色交给其他植物，也是一种选择。

‘日本岩垂草’是宇都宫大学的故仓持教授培育的品种，它比一般品种更耐湿、耐寒，能以普通草皮10倍的速度迅速覆盖地表。

把姬岩垂草和苔藓一起种植的精巧的组合盆栽。姬岩垂草一旦枝条过长就要及时修剪，整理姿态。

●过江藤的栽培日历

1月 2月 3月 4月 5月 6月 7月 8月 9月 10月 11月 12月

开花期

室外光照充足处

栽植10天后浇一次水，之后只要不是特别干燥都不用浇水

栽植时用缓效性合成肥料作为基肥埋入

栽植

修剪

分株

Q 天蓝尖瓣木长得太长，又细又软、摇摇晃晃，怎么办？

A 使用支架支撑花茎，开花后及时修剪。

天蓝尖瓣木是分布于南美洲巴西南部到乌拉圭的半藤蔓多年生草本植物或者半灌木。

因其充满魅力的蓝色花朵，在日本也被称为“琉璃唐绵”，市面上流通的切花或者盆栽花则多使用“蓝星”这一名字。它是生长于温暖地区的植物，对寒冷或者酷暑都不太适应，过冬需要3℃以上的温度。夏天如果持续30℃以上的高温，发育就会受阻碍，可能导致不开花、不长芽。

原本就拥有半藤蔓性的柔软花茎，分枝性虽然比较强，但节与节之间距离较长，有时会一味生长，想培养得小巧精致、形态美观，有一定的难度。所以需要用环状的支架，整理凌乱的花枝，打造成落地灯笼的形态。下一步是在开完花后，把茎部修剪一半左右，在春天到初夏期间注意修剪，保持植株小巧的形态，这样基本就能让它开花了。只不过，即使进行修剪，一旦进入花期，就会不断开花直到秋季，这期间也无法阻止其茎叶的生长。

天蓝尖瓣木的花不同于其他花卉，有着清澈美丽的蓝色星形外观，其叶片和花茎表面有细细的茸毛。

Point 用排水性好的土壤进行培育十分重要

虽然不能改变茎叶生长过快的特性，但为了尽量不让植株过于纤细摇晃，首先要选择排水性好的土壤。土质不用过于挑剔，但透气性好、腐殖质多的比较好。天蓝尖瓣木不喜过于潮湿的土壤，比较耐旱，可以等土壤表面干燥后再浇水，保持干燥管理。

关于施肥，可以在 4—6 月每月施加液肥 2 次或 3 次，注意不要施肥过多。在春季到秋季这段时间，尽量把花放在光照通风俱佳的位置。

作为切花也人气很高，主要用“蓝星”这一名字在市面上流通。切口会流出白色液体，在修剪的时候需要注意。可以将切口处浸在水中，也可以用流水冲洗到白色液体不再流出。

●天蓝尖瓣木的栽培日历（日本关东南部以西的温暖地区）

1月 2月 3月 4月 5月 6月 7月 8月 9月 10月 11月 12月

开花期

朝南的屋檐下・室内　室外向阳处　朝南的屋檐下・室内

土壤保持略微干燥　土壤表面干燥后浇水　土壤表面彻底干燥后浇水（保持略微干燥）

每月施加液肥 2 次或 3 次

修剪　修剪

栽植・换土　播种

扦插

Q 地榆长得太大了怎么办?

A 6 月前后，一口气剪除 1/3 左右的花茎。

地榆是从亚洲到欧洲均有广泛分布的蔷薇科宿根花卉。光照良好、略微潮湿的草原或者田地周边也有生长，作为秋花为人所知。

地下长有短小粗壮的根茎，春季从根茎直接长出叶，初夏生出长长的枝条，上部开始分枝，夏末到秋季茎顶就会开花。原本是在山间田野随处可见的植物，不仅很容易种植，还生长旺盛，植株每年都会长大。茎部也越来越高大，一般能长到 1m 左右，超过 1m 也不是什么新鲜事。

如果种在光照充足、土壤肥沃的庭院中且勤浇水的话，就能长得分外茂盛，满眼都是地榆。像这种植株长得过于高大繁茂的情况，可以在 6 月前后，直接把花茎修剪掉 1/3 左右，促进侧芽生长，抑制植株的高度，更加赏心悦目。另外，每 3 ~ 4 年把植株挖出来一次，将根茎切分，进行分株种植，就能保持植株一直拥有精致小巧的体型。

地榆的花，让人忍不住想拥有。用作花茶或者切花也十分有人气。

Point 施肥过多会导致茎叶徒长

日常管理中，只要土壤的排水性和保水性好，一般不挑剔土壤种类。虽然相对喜欢肥料，但如果施肥过多，可能导致只长茎叶不开花。直接种在地里的话，不需要特意施肥。

地榆喜欢略微湿润的土壤，但直接种在地里的话，除了栽植之后和盛夏高温期特别干燥时需要浇水，其他时间都不需要浇水。

这样实行管理，就能最大限度地保持植株的体型。

茶褐色的球形花穗十分可爱。带着秋季的风情，特别适合自然风的庭院。

地榆的一个品种，孟席思地榆。地榆类的植物因为十分容易种植管理，用于花园或者园艺的品种也备受瞩目。

●地榆的栽培日历（日本关东南部以西的温暖地区）

1月 2月 3月 4月 5月 6月 7月 8月 9月 10月 11月 12月

开花期

室外光照充足处

土壤表面干燥后浇水

基肥

栽植

换土

扦插

修剪

Q 枝叶徒长，下侧的叶片凋落了，该怎么处理这样的骨子菊?

A 春季到来，最低气温超过 10℃后需要修剪。

骨子菊在全世界分布着 70 种左右的原种，是菊科的多年生花卉或者一年生花卉。以多年生的原种为基础，培育出了大量园艺品种，常用作盆栽花卉和花坛种植用的花卉。根据品种不同，花色、花形、草姿虽然多少有些区别，但性质和栽培条件几乎一样，喜欢温暖略干燥的环境。适宜生长的温度为 10 ~ 20℃，但只要在 5 ~ 26℃就能保持生长发育。基本属于半耐寒植物，想要安全过冬需要保持 3℃以上的温度。有些品种只要及时除霜、保持干燥管理的话，能忍受 -5℃左右的低温。

园艺品种丰富，有些花形十分独特，花色也鲜艳多彩。

鲜红的花色夺人眼球。

Point 缺少下方叶片的植株修剪时要保留叶片，促进侧芽生长

因为比较耐旱，所以也经常用在吊篮里。

虽然耐寒性比较强，但抽新芽需要至少 10℃以上的温度，所以要避免晚秋以后的修剪。修剪的适宜时期是春季到后，最低温度超过 10℃以上的时候。

另外，花茎过长、下方的叶片稀少导致不美观的植株，在进行修剪时，不要一下子把茎剪短，在尽可能多地保留叶片的前提下，仅剪除茎的尖端。然后保持一段时间，等侧芽长出一些后，再考虑植株整体的形态，保持花茎整齐和谐，剪除过长的茎叶。如果不保留叶片直接修剪，可能会导致整节花茎都枯萎，需要特别注意。

进行修剪后，要控制浇水量和频率，保持土壤略微干燥，等侧芽长出以后，再慢慢增加浇水量。施肥方面，等侧芽发育到一定程度，植株有了整体的形状后，每月施加液肥 3 次或 4 次。

半重瓣花的骨子菊为主角的组合盆栽。

淡粉红色的半重瓣花，可怜可爱。

●骨子菊的栽培日历

1月 2月 3月 4月 5月 6月 7月 8月 9月 10月 11月 12月

开花期

向阳处（除霜） 向阳处 半阴处 室外向阳处

保持略干燥 土壤表面干燥后浇水（注意不能过湿） 保持略干燥

每月施 3 次或 4 次液肥 （换土时埋入基肥） 每月施 3 次或 4 次液肥（换土时埋入基肥）

栽植（定植）

换土 换土

修剪

扦插 播种

怎么种？

Q 怎么在玫瑰周围种上一整片苍耳芹?

A 以 20 ~ 25cm 的间隔，在玫瑰周围种上苍耳芹花苗。

苍耳芹是分布于德国等欧洲中部地区、巴尔干半岛等欧洲南部地区的伞形科多年生或者一年生草本植物。与同属伞形科的大阿米芹开着相似的纯白小花，热热闹闹开成一团，形成大大的花房，所以也经常被误认为是大阿米芹。但其实苍耳芹的花更大一些，花房比较精致显眼，最适合跟玫瑰或翠雀等组合栽种，最近人气高涨。

像白色蕾丝一般的花，纤细的叶，这就是美丽的蕾丝花。

在开成一片的苍耳芹中，紫色球状花的巨韭成了主角。

Point 耐寒性强，耐热性弱

苍耳芹耐寒性很强，在欧洲中部地区作为多年生草本植物生长，而耐热性较弱，在欧洲南部会因夏季的炎热而枯萎，所以作为一年生草本植物培育。在夏季相对清凉的地区，可以作为多年生草本植物栽培，而在温暖地区则作为一年生草本植物栽培。不过，苍耳芹很容易结种，落下的种子很快就能长出幼苗，不断繁殖，所以也可以视作多年生植物。

成长速度较快，能长到 70cm 左右的高度，宽度也能达到 50cm 左右，种植的间隔需要保持在 20 ~ 25cm。以丛生植物的状态过冬，注意除霜，将落叶轻轻覆盖其上起到保暖作用。

喜欢排水性好的肥沃土壤，对土质没有特殊要求。浇水也可以在给玫瑰浇水时顺便进行，但注意不要让土壤过于潮湿。肥料方面，在栽植时埋入缓效性的合成肥料作为基肥就足够了。如果氮肥过多，会导致叶片徒长，需要注意。

花开完后就会结种，枯花可以不用管。

在深紫红色的玫瑰周围开花的苍耳芹。这一组合显得十分登对。

苍耳芹很适合自然风格花园。

●苍耳芹的栽培日历

1月	2月	3月	4月	5月	6月	7月	8月	9月	10月	11月	12月
				开花期	开花期	开花期					
室外光照充足处	室外光照充足处	室外光照充足处	室外光照充足处	室外光照充足处	室外光照充足处	室外光照充足处	室外光照充足处	室外光照充足处	室外光照充足处	室外光照充足处	室外光照充足处
土壤表面彻底干燥以后浇水	土壤表面彻底干燥以后浇水	土壤表面彻底干燥以后浇水	土壤表面彻底干燥以后浇水	土壤表面彻底干燥以后浇水	土壤表面彻底干燥以后浇水	土壤表面彻底干燥以后浇水	土壤表面彻底干燥以后浇水	土壤表面彻底干燥以后浇水	土壤表面彻底干燥以后浇水	土壤表面彻底干燥以后浇水	土壤表面彻底干燥以后浇水
			基肥	基肥						基肥	基肥
			栽植	栽植						栽植	栽植
								繁殖（播种）	繁殖（播种）		

Q 如何让耧斗菜在自家庭院中绽放?

A 推荐花色丰富、园艺品种众多的西洋耧斗菜。

耧斗菜是一种宿根花卉，有70种左右的原种，广泛分布在北半球。花的形状特征明显，十分有趣，花量多，容易打理，作为园艺植物常用来种在花盆或者花坛里。在欧美是很常见的花坛花卉，培育出了大量园艺品种。

现在常用作花坛花卉的耧斗菜的园艺品种，大致可以分为2个品种群：一类是北美产的原种组合杂交而成的耧斗菜杂交品种，另一类是欧洲产的原种组合杂交而成的被称为“西洋耧斗菜”的品种。日本有一种叫作深山耧斗菜的品种，自古就被当作园艺植物栽培，与北美产的耧斗菜杂交品种群、欧洲产的西洋耧斗菜品种群不同体系，但仍以“西洋耧斗菜”的名称出售。

杂交品种系的耧斗菜，相对容易种植。

多彩易开花的杂交系耧斗菜。

Point 保持良好的排水性是关键

海外的园艺栽培常用重瓣耧斗菜，是欧洲产的西洋耧斗菜品种，常被种在育苗钵中出售。“巴洛”系列和“塔”系列分别都有红色、粉色、紫色、白色等花色的品种。另外，“小柑橘”系列和“闪烁”系列的品种则有种子出售。

单瓣花的品种培育较多的有北美系的‘大花麦克纳’，大轮多花、花色丰富，市面上也有种子销售。

不管哪个系列的品种都十分容易种植，喜欢光照良好的环境，适宜排水性好、腐殖质多的肥沃土壤。土壤不宜过于潮湿，尽量保持良好的排水性是关键。不喜高温多湿，初夏到秋季期间，只要环境适宜，就能自然地结出更多种子。

石砌花坛中开花的深山耧斗菜。

耧斗菜的白花品种，楚楚可怜、别有风情。

种在光照充足、排水良好的庭院中，耧斗菜茁壮成长。

●耧斗菜的栽培日历

1月 2月 3月 4月 5月 6月 7月 8月 9月 10月 11月 12月

开花期

光照充足处

保持土壤湿润（浇水间隔5～6天）

土壤表面干燥后尽快充分浇水（每天）

保持土壤湿润（浇水间隔5～6天）

基肥（浇水间隔5～6天）

追肥（每月施3次或4次稀释的液肥）

追肥（每月施3次或4次稀释的液肥）

栽植

换土

繁殖（种子）

Q 蒲苇如何进行盆栽种植呢?

A 用大型的花箱，每年换土即可栽培。

观赏用的蒲苇，原本生长于南美南部广阔、温暖、干燥的彭巴草原，是一种大型多年生草本植物。入秋后会长出像芒草一样蓬松的大型羽毛状花穗，十分引人注目，所以经常被用来种在公园等比较宽敞的地方。非常容易种植，在地里种下 2 ~ 3 年后就能长到 2 ~ 3m 高，宽幅也能达到 2m 以上。如果种在庭院里，处理起来会有些麻烦。

因为蒲苇生长旺盛、体型高大，一般不会种在花盆或者花箱里，但这并不意味着这种栽培方式完全不可行。只要使用大号的植树花盆或者花箱，每年进行换土，保持植株不过于高大，就可以栽培。如果种到花箱里就立刻枯萎了，不一定是花箱种植的问题，可以考虑一下是否有其他原因。

在宽广的庭院中，种在草坪中央、引人瞩目的蒲苇，雄赳赳气昂昂的花穗彰显巨大的存在感。

Point 害怕严寒，不喜土壤过湿

生命力顽强的蒲苇也会枯萎的原因主要有 2 个。一是它原本生长于温暖地带，所以比较惧怕严寒，比如 -3℃以下的低温时，如果根冻伤了，就很容易枯死。所以能直接种在地里的只能是温暖地区，即使在温暖地区也有受寒的危险，可以把枯叶等覆盖在植株基部来防寒，确保其顺利过冬。种在花箱中的话，如果直接受冷风吹，也很容易受寒。

另外，它也不太喜欢过于潮湿的土壤。如果种在排水性不好、保水性太好的土壤中，根部可能会腐烂，导致枯死。种植很长一段时间后，根部可能会缠绕打结，导致水分吸收不足，植株变得脆弱。用花箱等容器栽培的情况，最好选用矮蒲苇等迷你型号的品种。

蒲苇（中间）是草坪庭院中的主角。

花穗蓬松优美的蒲苇。

●蒲苇的栽培日历

1月 2月 3月 4月 5月 6月 7月 8月 9月 10月 11月 12月

开花期

耐寒性弱，防寒保持-3℃以上

光照、通风良好的场所（耐寒性弱，防寒保持 -3℃以上）

除了栽植时浇水，其他时间不用浇水（盆栽的植株要在土壤表面干燥以后再浇水）

无须施肥

栽植 栽植

换土 换土

分株（把根茎按 1 芽以上进行切分） 分株

Q 想让一品红第二年继续开花该怎么办?

A 管理上要防止过湿，注意环境温度。

一品红是一种盆栽花卉，在圣诞节前后花苞就会显色，本来是原产于墨西哥南部到中美洲的热带花卉，所以比较怕冷。因此，想让一品红叶片不枯萎、植株不受损就度过冬季，需要10℃以上的温度。即使是落叶后的休眠状态过冬也需要保持在4℃以上。温暖地区的室内，保持4℃以上应该不是什么难事，但如果低温加上过湿，植株就会迅速变得虚弱，甚至可能枯萎。为了避免这种情况的发生，浇水要特别注意，绝对不要施肥。

即使花苞开始显色，一旦温度降到10℃以下，也会停止生长，水分吸收也会减慢。这时如果还按照往常一样浇水，土壤就会过于潮湿，从而导致根部受损。浇水时，要确认土壤已经干燥，在温暖天气的上午进行。一品红很耐干燥，就算土壤略微干燥也没关系，尤其2—4月，植株处于休眠状态，基本不需要浇水。窗边这种位置容易受室外气温影响，植株会受寒而变得虚弱，可以拉上窗帘防寒，或者晚上把花盆移动到温暖的地方。但切记不能直接让植物吹到暖气。

圣诞节绝不能缺少的一品红是大戟科的常绿灌木。

Point 春季长出叶子后换土

只要注意浇水频率和放置场所，过冬就不是难事。就算没有叶片，只要枝还是绿的，就表示存活。

进入春季，气温回升到 15℃以上后，新芽就会冒出来，这时土壤表面干燥后要充分浇水，长出叶子后要开始施加缓效性的合成肥料。如果能换到大一号的花盆里种植，夏季就能长得更加茁壮。

近年还有花苞呈粉红色的园艺品种登场，颇受欢迎。

精巧的花苞带着粉色、淡黄绿色的斑纹，是十分具有时尚感的园艺品种。

大片白色苞片极富魅力，是具有现代感的一品红品种。

●一品红的栽培日历

1月 2月 3月 4月 5月 6月 7月 8月 9月 10月 11月 12月

观赏期（1月）；观赏期（11月～12月）

室内（1月～3月）；户外（4月～10月）；室内（11月～12月）

略微干燥（1月～3月）；土壤表面干燥后充分浇水（4月～10月）；土壤干燥后浇水（11月～12月）

稀释的液肥（4月～5月）；每月施用 1 次缓效性合成肥料（6月～9月）；稀释的液肥（10月）

换土（3月下旬～5月）

修剪（3月下旬～7月上旬）

扦插（5月～6月）

*短日照处理（傍晚5点至早上8点）（9月下旬～11月中旬）

*用纸箱等罩住，遮挡阳光，缩短日照时间，促进花芽生长。

Q 松果菊的种子不发芽，该如何让它繁殖呢？

A 只要掌握诀窍，分株、播种都可以繁殖。

松果菊是分布于美国中部略大型的宿根草本植物。生命力强，容易种植，从初夏到秋季，紫红色的花会大朵大朵也轮番绽放，所以经常被种在宿根植物花坛或者进行盆栽种植。耐热、耐寒，喜欢光照充足、通风良好、排水性好的环境，只要满足这些环境条件，管理上没有什么难度。

不仅容易种植，繁殖也很简单，可以把长大的植株进行分株，也可以播种种植。既可用自家采摘的种子，也可购买市面上售卖的种子。

自行采集种子的话，要等花开完后，结种的部分干燥变成褐色，再摘下箭头形状的果实分解。基部淡褐色的部分有球状的种子，可以直接用来播种。

紫锥菊，作为能提高免疫力的香草很有人气。

充满魅力的松果菊‘绿色宝石’拥有娇俏的花形和淡绿的花色。

Point 播种后不覆盖土壤，盖上报纸进行管理

发芽的适宜温度是22℃前后，播种可以在9月中旬至10月进行，或者3—5月在花盆里加入新土，再播种，种子上方不覆盖土壤，而用报纸等覆盖，保持潮湿管理1～2周，就能发芽。松果菊种子很容易发芽，从母株上随意落下的种子也能长出苗。所以如果它不发芽，要么是种子品质问题，要么是覆盖土壤过多。

松果菊在地下分布着细细的根茎，植株会一年年长大，所以进行分株也能轻松繁殖。植株长得足够大后，春季挖出，洗去土壤，用小刀或者剪刀进行切分，每块保留至少3颗芽。如果切分得过小，可能会导致枯死，所以分株的关键就是要大块切分。

松果菊‘粉红双喜’有烟粉色的半重瓣花。

松果菊‘椰子橙’是白色花瓣的半重瓣园艺品种。

把紫锥菊作为花园的主角，十分上镜。

●松果菊的栽培日历（日本关东南部以西的温暖地区）

1月 2月 3月 4月 5月 6月 7月 8月 9月 10月 11月 12月

开花期

室外光照充足处

浇水（盆栽种植）保持土壤不干

浇水（土地种植）土壤干燥后

土壤表面干燥后浇水

保持土壤不干

基肥（缓效性合成肥料）

栽植・换土

播种

分株

栽植・换土

播种

分株

Q 买了石竹的幼苗却养不好，花后管理该如何进行？

A 冬季土壤不能过于干燥，要注意防止冰冻。

石竹，别名河原石竹或者大和石竹，是日本原产的多年生草本植物。从日本奈良时代开始就是美丽的园艺花卉的代表，备受青睐，作为“秋之七草”之一而广为人知，在光照良好的河原、田间、山野草地等随处可见。生命力强，容易种植，种下后简单打理就能开出娇美的花。可以种在庭院里，也可以盆栽种植。

石竹栽培时必须要注意以下两点：首先要放在光照充足、通风良好的位置；其次，石竹不喜欢土壤过于潮湿，要使用排水性好的土壤栽培。

秋季购入的植株开完花后，开花的茎会就此枯萎，但可以用植株基部叶片密集生长、花还没开的茎过冬。因此，冬季土壤也不能过于干燥，需要偶尔浇水。另外，盆栽种植的情况下，土壤冻结会导致根部受损、植株虚弱枯死，所以要特别注意花盆放置的位置。尤其是冬季会受到较强北风吹的地区，土壤容易干燥、冻结，要把花盆放在防风、朝南、光照良好的位置。

淡紫色的信浓石竹。

Point 春天季开始长新芽后，要充分浇水

进入春季，新芽开始冒头，土壤表面干燥后就要充分浇水。新芽长得差不多了后，就可以施加少量的缓效性合成肥料。把盆栽改为地栽的移植的适宜时期是 4 月至 5 月中旬，栽植时要把老旧的根剪除。

比石竹‘粉色流星’花色更深一些的石竹‘玫瑰色流星’。

楚楚动人的石竹‘粉色流星’花瓣边缘有着细长切口。

●石竹的栽培日历（日本关东南部以西的温暖地区）

1月	2月	3月	4月	5月	6月	7月	8月	9月	10月	11月	12月
				开花期							
避风的朝南向阳处				向阳处			明亮半阴处		向阳处		明亮半阴处
	防止干燥					土壤表面干燥后充分浇水				防止干燥	
		基肥、追肥							基肥、追肥		
		栽植									栽植
			换土								
					花开完后修剪花茎						
			分株						分株		
			扦插						扦插		
									播种		

Q 想种鹿角蕨，有适合初学者的品种吗?

A 二歧鹿角蕨可以种在室内光照充足的窗边。

鹿角蕨是水龙骨科的蕨类植物，在热带地区分布有 18 个品种，其中栽培最多的是澳大利亚产的二歧鹿角蕨。因其叶片形状像蝙蝠的翅膀，又像鹿角，所以被称作“鹿角蕨”，也叫“蝙蝠兰”。另外，长叶鹿角蕨也是生命力强、容易买到的品种。

被称作“蝙蝠兰”的二歧鹿角蕨。因为容易种植，所以市面上很多，也很受欢迎。

变种二歧鹿角蕨有形似王冠的大型蓄水叶，十分壮观。

细长的蓄水叶向下生长的二歧鹿角蕨比较容易栽培。

Point 不喜过湿土壤，需要干燥管理

虽然是产自热带的植物，但十分耐寒，要控制浇水频率，保持略微干燥，维持 3℃以上的温度就能过冬。装饰在室内光照良好的窗边等位置，赏心悦目。一般在室内种植蕨类植物时，都比较偏好光照不到的阴影处，但鹿角蕨喜欢明亮的环境，如果光照不足会影响生长发育。生长适宜温度是 15 ~ 30℃，初夏到秋季这段时间，尽量放在光照良好的地方，就能旺盛生长。不能受高温时的烈日直射，所以 5 月开始到夏末，可以放在屋檐下等室外通风良好的明亮半阴处。

比较耐干燥，不喜欢土壤过于潮湿，在气温较高的 5—9 月，每隔 2 ~ 3 天浇 1 次水；10 月至第二年 4 月，只要土壤不过于干燥，可以每周浇 1 次水。浇水要充分，可以直接对着植株基部浇。冬季低温时要保持土壤略微干燥。

施肥方面，5—9 月气温较高，可施加缓效性合成肥料，或者配合浇水每月施加 2 次液肥。浇水和施肥都可以对着覆盖植株基部、被称作“外套叶”的叶片部分进行。形似鹿角的叶片被称作“普通叶”，背面附着孢子。“外套叶”随着时间推移会枯萎变成褐色，但依旧是生长必须的部分，不能剪除。

二歧鹿角蕨宽大的孢子叶在尖端分成两股。不耐寒，过冬有些困难。

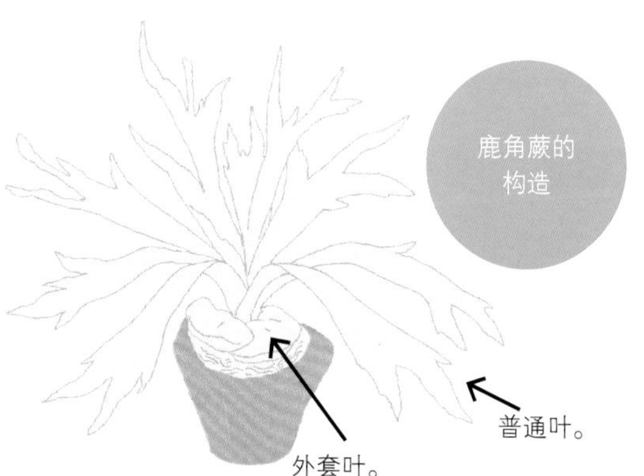

●鹿角蕨的栽培日历

项目	1月	2月	3月	4月	5月	6月	7月	8月	9月	10月	11月	12月
观赏期	观赏期											
放置场所	光照充足的室内				半阴处（室外屋檐下等）					光照充足的室内		
浇水	注意不要过于干燥（每周 1 次）				2 ~ 3 天充分浇水 1 次					注意不要过于干燥（每周 1 次）		
施肥					缓效性合成肥料，或者每月 2 次液肥							
换土					换土							
栽植					栽植							
分株					分株							

Q 想种好龙胆，尤其是夏季该怎么度过？

A 盛夏高温期，注意不能受强烈阳光直射。

龙胆是原产于日本的宿根草本植物，光照良好的丘陵、草地或者山间小道上都有生长。作为秋季的代表花卉，十分有人气，据说从日本平安时代开始就有人工栽培。另外，其根部还含有药效成分，自古也作为草药使用。

因为龙胆是日本原产植物，所以在日本培育比较容易。喜欢略微清凉的环境，在比较炎热的地区，越夏需要特别注意。虽然这么说，但并非龙胆不耐热，只是不太喜欢高温时期的烈日直射，因叶片会晒伤导致植株虚弱，一旦浇水不当也可能枯死。

所以，在较为炎热的地区，从梅雨季过后到 9 月下旬变凉快之前，要把龙胆放在通风良好的明亮、凉爽的半阴处管理。如果有落叶树的树荫可以乘凉，种在庭院也未尝不可，但如果没有树荫，最好还是盆栽。

种在树荫下排水性好的土壤中的龙胆。

作为秋花很有人气的龙胆。

初秋的高山上，正开[illegible]的高山龙胆。

Point 不喜干燥土壤，土壤表面干燥后要尽快充分浇水

栽植的适宜时期是 3 月至 4 月上旬，盆栽的话，要把购入的花苗移植到大一两号的高温烧制花盆里。土壤选择市售的山野草专用培养土，或者以 2 ∶ 1 比例混合小颗粒鹿沼土和腐叶土的土壤。花盆底部铺上滚石，注意根钵不需要解体，种到看不见芽的深度既可。龙胆不喜欢土壤过于干燥，一旦缺水很难恢复，所以土壤表面干燥后，要尽快充分浇水。喜欢肥料，基肥用缓效性的合成肥料，4 月中旬至 6 月期间，每月追加 2 次或 3 次液肥。

两三枝龙胆栽在花盆中，基部铺上苔藓，流露出秋季的风情。

开着蓝紫色美丽花朵的龙胆园艺品种‘心美静’。

龙胆的盆栽种植

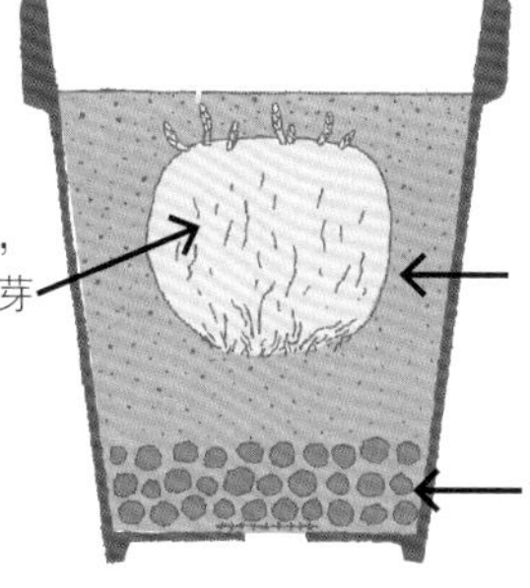

●龙胆的栽培日历（日本关东南部以西的温暖地区）

1月 2月 3月 4月 5月 6月 7月 8月 9月 10月 11月 12月

- 休眠
- 发芽
- 生育
- 开花期
- 结果
- 朝室外光照充足处
- 土壤表面干燥后尽快充分浇水　向叶片洒水　土壤表面干燥后尽快充分浇水
- 基肥　追肥（每月 2 次或 3 次液肥）
- 栽植、换土
- 分株　扦插
- 播种

Q 地肤的草姿很凌乱，需要修剪吗?

A 间隔 30cm 以上种植，加上充足的光照就能长好。

地肤是从欧洲南部到西亚均有分布的苋科一年生草本植物。不太耐寒，但很耐热，草姿呈球形或者椭圆形，常被用在花坛或者盆栽作品中。从初夏到夏末是黄绿色的美丽叶色，秋季会变成红色，值得观赏。

喜欢略高的气温，有 15 ~ 30℃就能旺盛生长。虽然茎很细，但分枝性很强，从植株基部生长出大量茎，自然形成团簇的形状。

右边组合盆栽里的地肤，到晚秋变成了红色。

种在花箱或者花盆里的地肤。要注意植株的间隔，在光照充足的地方。

和百日菊、百日红搭配成组合盆栽的地肤。

Point 注意防止光照不足，以及土壤过酸

地肤草姿凌乱的原因有以下几点：①种植过于密集，植株间的间隔不足，导致茎一味地向上生长；②种植的场所光照不足，植株为了光线而徒长；③所在环境的土壤酸度过高，也会导致根部变得脆弱，影响生育，维持不了团簇的草姿。

如果种植过于密集，要把植株间隔开 30cm 以上。光照不足的话，就要移植到光照良好的地方去。土壤过酸，要洒石灰水。如果枝叶很繁茂，但草姿不够圆润，可以在 5 月中旬至 7 月上旬进行一两次修剪，在抽新芽后进行追肥。

地肤不太分品种，主要分观赏用的类型、用来收获果实的类型和用来做扫帚的类型。用来做扫帚的地肤草姿不会变圆，会显得十分细长。

独株种在庭院里的地肤，光照充足，长势良好，红艳饱满。

●地肤的栽培日历（日本关东南部以西的温暖地区）

	1月	2月	3月	4月	5月	6月	7月	8月	9月	10月	11月	12月
观赏期						■	■	■	■	■	■	
开花期							■	■	■			
红叶期										■	■	
室外的光照充足处	■	■	■	■	■	■	■	■	■	■	■	■
土壤表面干燥后浇水					■	■	■	■	■			
基肥 + 追肥（1 次或 2 次）					■	■	■	■	■			
栽植					■	■	■					
修剪					■	■	■					
播种				■	■							

Q 秋季播种的蜀葵，为什么迟迟不发芽?

A 可能是播种太晚了。

蜀葵是分布在地中海东部沿岸的二年生或者多年生草本植物，一直没发现原种，也许本身是一种杂交品种。古时候从中国传至日本，作为药用植物栽培，因为是从中国作为药用植物传至日本的，所以也有原产于中国的说法。

最近才开始作为园艺植物栽培，经过品种改良后，出现了播种 1 年就能开花的品种群，经常被用在花坛中。花色丰富，有红色、粉色、白色、黑紫色等，还有单瓣花、重瓣花等很多品种。

蜀葵花期较长，能从梅雨季一直开到夏季。

深红色的优雅半重瓣花园艺品种‘春庆’。

种子的发芽适宜温度是 15 ~ 20℃，可以春季播种

蜀葵种子发芽的适宜温度是 15 ~ 20℃，如果是一年生的品种，温暖地区可以在 3 月、4 月或者 9 月播种，2 ~ 3 周就能发芽。不适合移植，要直接在花坛里播种，或者在加入了排水性好的培养土的花钵里撒上两三粒。

秋季播种春季不发芽，可能是因为播种太晚，花苗太小，或者刚抽芽就受寒枯死了。虽然蜀葵比较耐寒，但幼苗时期受寒还是会枯死的。因此，在冬季来临前要让花苗长到一定程度，9 月就必须要播种了。如果没能赶上 9 月，最好等到第二年 3—4 月再播种，虽然会长不高，但 6—8 月还是能开花。不过，二年生的品种是在第二年的初夏到盛夏开花，需要注意一下。

华丽的重瓣花，
浅鲑红色的花朵。

花色、花形丰富，开典雅的暗红色单瓣花。

●蜀葵的栽培日历（日本关东南部以西的温暖地区）

1月 2月 3月 4月 5月 6月 7月 8月 9月 10月 11月 12月

开花期

室外光照充足处

栽植时浇水（土地栽培） 栽植时浇水（土地栽培）

基肥 基肥

春季播种的幼苗栽植 秋季播种的幼苗栽植

播种 播种

Q 芍药怎么用扦插的方式培植？

A 比起扦插，分株的成功率更高。

芍药以其美轮美奂的花姿而广为人知，自古以来就常被用来形容美人。因为原产地是亚洲东北部的寒冷地区，所以不太喜欢高温多湿的环境，容易感染灰霉病、白粉病等病害，是比较难打理的植物，和它的近亲牡丹一样，一般家庭里不太爱种植。

芍药的品种虽多，但基本上都只能以分株的方式繁殖，这也是个人不太爱栽培的原因之一。扦插也不是不行，但需要用长势良好但没开花的茎，或者进行光雾扦插（在细密的武器中进行扦插的方法）等特殊的管理方法，如果直接用切花扦插就想让它生根发芽，没有足够的运气怕是很难成功。如果一定要尝试芍药的扦插培育，建议先购买幼苗或者盆栽植株，习惯芍药的栽培后，从分株开始挑战。

芍药'伯恩哈特'开粉色蓬松的[illegible]花，相对容易培育。

'冰点'开层层叠叠的纯白大朵重瓣花。

Point 分株的适宜时期是 9 月下旬至 10 月上旬

芍药喜欢光照充足、通风良好的场所，不喜高温时的强烈阳光。在较为炎热的地区，盛夏高温期要把它放在明亮半阴处进行管理。栽植和换土的适宜时期是 9 月下旬至 10 月，选择排水性好、腐殖质多的肥沃土壤。芍药的根茎比较肥大，粗壮的根会一直延伸生长，庭院种植时松土要挖得深一些，盆栽的情况要选择 8 号以上的大花盆。

芍药不喜欢干燥，盆栽的芍药要在土壤表面干燥后尽快充分浇水，施肥在 3 月、6 月下旬至 7 月上旬和 9 月中旬至 10 月。分株的适宜时期是 9 月下旬至 10 月上旬，在新根繁殖以前对根茎进行切分。

温和的淡黄色花瓣中有着红色花心的‘东方黄金’。

美丽的‘蓝宝石’透着些许蓝色的深粉色半重瓣花。

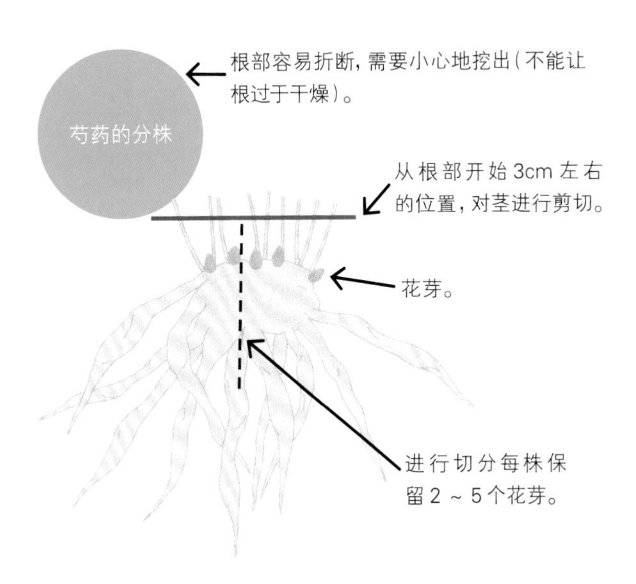

●芍药的栽培日历（日本关东南部以西的温暖地区）

1月 2月 3月 4月 5月 6月 7月 8月 9月 10月 11月 12月

开花期 花芽分化

光照充足处 明亮半阴处 光照充足处

土壤不能过于干燥 土壤表面干燥后充分浇水（盆栽） 土壤不能过于干燥

追肥 追肥 基肥・追肥

栽植

换土

分株

Q 雪割草种植的诀窍是什么？容易培育的品种是什么？

A 除了一些特殊花形的园艺品种，大部分雪割草都比较容易种植。

雪割草，好几种残雪时节开花的植物都被叫作这个名字。一般被称作“雪割草”的，是毛茛科的常绿多年生草本植物——獐耳细辛，在山地的落叶树树荫下生长。其中分布在日本山形县到北陆的日本海沿岸的品种，花形较大、花色丰富，从日本江户时代开始就作为园艺品种，几经改良，已经形成了花形、花色多姿多彩的数量庞大的品种群，现在作为盆栽花卉也很有人气。

在大号花盆中和台湾唐松草做成组合盆栽的深蓝紫色獐耳细辛。

Point 适合略微冷凉潮湿的环境

雪割草耐寒、耐热，容易种植。不喜高温时湿度过高和强烈阳光直射，喜欢略微冷凉潮湿的环境。

除了一些特殊花形、花色的品种，管理上基本没什么难度。只要选择好种植的地方，就能轻松培育。如果庭院里有落叶树的树荫，且土壤排水性好，也可以直接种在地里。如果有便宜的花苗，买来试着种种也未尝不可。盆栽的情况，使用排水性、透气性俱佳的硬质鹿沼土、日向土、桐生砂、赤玉土等混合的土壤。雪割草不喜欢土壤过于潮湿或者干燥，等土壤表面干燥后要充分浇水。比较喜欢肥料，花开后到 5 月下旬，以及 9—10 月，要每月追加液肥 3 次或 4 次。栽植、换土的适宜时期是 4 月中旬至 5 月下旬，或者 9 月中旬至 10 月上旬。盆栽的植株根部容易缠绕打结，每隔 1 ～ 2 年需要换土 1 次。

与圣诞玫瑰和原种仙客来搭配的深粉色雪割草，形成了自然风的花坛。

种在石头花坛里的雪割草。作为预告雪国之春的植物而备受喜爱。

●雪割草的栽培日历（寒冷地区）

1月 2月 3月 4月 5月 6月 7月 8月 9月 10月 11月 12月

开花期

室外光照充足处

防止干燥　土壤表面干燥后充分浇水　防止过湿　防止干燥

土壤表面干燥后充分浇水

追肥（开完花后）　追肥(每月施 3 次或 4 次液肥)

栽植　栽植

换土　换土

分株

Q 直接购买了成品侧金盏花，如何管理与繁殖?

A 花开完后和夏季管理需要特别注意。

侧金盏花是从西伯利亚东部到日本均有分布的宿根草本植物，主要生长在落叶树的杂树林间。早春时节发芽开花，初夏到晚秋地上部分枯萎进入休眠。

购买的成品侧金盏花枯萎，大多是因为花开完后和夏季管理的失败。适合栽培的场所，最好是落叶树的树荫下，夏季是明亮半阴处，且能一直保持一定的湿度。如果能种在这样的庭院里是最好的。如果没有这样的场所，要把花开完后的植株尽快移植到大一号、比较深的花盆里，注意移植时不要伤到根部。

侧金盏花喜欢排水性好、有一定保水性、腐殖质多的肥沃土壤。可以用小颗粒的赤玉土混合等量的腐叶土。完成移植的植株，要放在通风良好的半阴处，加入油粕等固体肥料。

光照充足的斜面上，与银莲花一起绽放的侧金盏花。

在自生地上形成聚落、大量开花的情景。

Point 越夏时要防止土壤干燥

在叶片生长的时期，要浇水防止土壤干燥。叶片枯萎后，也要在土壤表面开始干燥后及时浇水，防止土壤过于干燥，以平安度过夏季。虽然侧金盏花很耐寒，但不喜炎热和干燥，休眠中要避免阳光直射，放在阴凉的环境中管理。入秋之后，花芽会在土中蓄势待发，所以要用油粕等追肥。

完成移植后的植株，可以保持 2 ~ 3 年，等长大到一定程度、芽的数量变多后，在 9 月中旬至 10 月换土时，进行分株。

在石钵上与铁角蕨做成的组合盆栽，表面铺了苔藓。

侧金盏花在光照、排水俱佳，夏季处于落叶树树荫下的环境中，就能茁壮生长。

●侧金盏花的栽培日历（日本关东南部以西的温暖地区）

	1月	2月	3月	4月	5月	6月	7月	8月	9月	10月	11月	12月
状态	生长	生长	生长	生长	生长	生长（上半月）/ 开花期	开花期	开花期	开花期	开花期	生长	生长
开花期		开花期	开花期	开花期								
放置场所	室外的光照充足处	室外的光照充足处	室外的光照充足处	室外的光照充足处	室外的光照充足处	室外的光照充足处	室外的光照充足处	室外的光照充足处	室外的光照充足处	室外的光照充足处	室外的光照充足处	室外的光照充足处
浇水	4 ~ 7 天 1 次	4 ~ 7 天 1 次	3 ~ 5 天 1 次	3 ~ 5 天 1 次	3 ~ 5 天 1 次	3 ~ 5 天 1 次	7 ~ 10 天 1 次	7 ~ 10 天 1 次	7 ~ 10 天 1 次	7 ~ 10 天 1 次	4 ~ 7 天 1 次	4 ~ 7 天 1 次
有机肥料				有机肥料							有机肥料	
栽植									栽植	栽植		
换土				换土					换土	换土		
分株									分株	分株		

Q 荷包牡丹的盆栽如何完美种植?

A 荷包牡丹不喜夏季的炎热干燥。清凉越夏是一大关键。

荷包牡丹是分布于中国东北部到朝鲜半岛的罂粟科的宿根花卉。夏季，长长的花茎上开出一串串心形的小花，由此得名。

因为原本生长于低温地区，不喜夏季的炎热干燥，在较为炎热的地区种植时，最重要的一点就是如何顺利度夏。另外，如果放任其所有花开完，会导致植株虚弱，所以要在开完前就从花茎的基部进行剪除。

栽植的适宜时期，温暖地区是新芽长出前的 2 月上旬到 3 月上旬。只要土壤的排水性好、腐殖质多即可，对土质不做挑剔。用小颗粒的赤玉土以 2 ∶ 1 的比例混合腐叶土，或者直接购买市售的花卉专用培养土即可。栽植时要注意不能伤到其粗大的根，尤其不能伤到芽。

荷包牡丹小小的粉色花朵一串串坠下。

种在树荫下岩石旁的荷包牡丹。该处土壤排水性好，夏季植物可以清凉度过。

Point 光照充足的地方，从 5 月中旬开始需要遮光 50% ~ 60%

花盆的放置地点应选择通风良好、上午能晒到阳光、下午能处于半阴处的地方，或者明亮的半阴处也能顺利生长。只不过光照充足的地方，从 5 月中旬开始阳光变得强烈，此时到 9 月植株开始休眠的这段时间，需要遮光 50% ~ 60%。如果空气比较干燥，需要洒水来保持湿度。

荷包牡丹不喜欢土壤过于潮湿，也不能过于干燥，3—9 月是其成长期，土壤表面开始干燥后就要充分浇水。肥料方面，栽植时的基肥要选择氮素成分较少的缓效性合成肥料，另外还要使用稀释 2000 倍的液肥每月追肥 3 次或 4 次。花开完后用缓效性合成肥料追肥，但盛夏高温期要避免施肥。

叶色呈鲜亮黄色的园艺品种‘黄金之心’。上午如果能晒到足够的阳光，叶色就能更加清新。到夏季会更接近绿色。

因其独特的花形，还被称为“滴血之心”。

●荷包牡丹的栽培日历（日本关东南部以西的温暖地区）

1月 2月 3月 4月 5月 6月 7月 8月 9月 10月 11月 12月

休眠　发芽、生长　休眠

开花期

室外光照充足处

3 ~ 5 天 1 次

缓效性合成肥料（基肥）　缓效性合成肥料（花开完后）

稀释 2000 倍的液肥，每月 3 次或 4 次

栽植、换土　栽植、换土

分株　分株

Q 乌头应该如何繁殖、培育？

A 用块根分株或者播种，就能轻松繁殖。

乌头广泛分布于北半球，是毛茛科的有毒宿根草本植物。主要作为药用植物使用，但花也十分优美，常用作切花或者花坛种植。作为园艺植物栽培的品种主要是用中国产的乌头和欧洲产的洋种乌头等培育的品种，每一种生命力都很强、容易种植，但不喜欢高温干燥的环境，需要在光照充足、通风良好、清凉湿润的环境中生长。因此，在较为炎热的地区，越夏时需要额外小心，只要能顺利度夏，其他方面的管理都比较容易。

乌头开优美的蓝紫色花，是夏秋季节的人气花卉。

花刚要开时，很像罩在一个口袋里。

Point 旧块根里长着鳞茎，能形成新的块根

栽植、移植的适宜时期，是新芽长出前的2月上旬至3月。支撑花开放的粗壮块根（根部变形的球根）消耗殆尽，旧块根里长着的鳞茎（新球根）在花后能形成新的块根，从而繁殖。

土地栽植的植株要每3～4年移植1次、盆栽种植的要每1～2年移植1次。移植挖出植株时，要注意别伤到块根。块根原本的连结并不牢固，很自然就能分开。

乌头不喜欢干燥或者过湿的环境，只要不是黏质的土壤，对其他土质并不挑剔。肥料方面，要提前在土壤中加入腐叶土和缓效性合成肥料，然后均匀混合。栽植结束后，要进行充分浇水。种在庭院里的情况下一般不用浇水，除非连续的大晴天让土壤非常干燥。盆栽种植的情况，等土壤表面干燥后尽早浇水。

播种繁殖的话，在秋季采摘播种（结出的种子马上采下播种），覆盖上5mm左右的土，保持土壤不过于干燥，到了春季就会发芽。可以使用市售的播种专用土壤。

只要自生地环境合适，乌头就能长得十分高大，开出大量的花。

在自生地的树荫下，开着鲜艳蓝紫色花朵的乌头。

●乌头的栽培日历（日本关东南部以西的温暖地区）

1月 2月 3月 4月 5月 6月 7月 8月 9月 10月 11月 12月

休眠　发芽、生长　休眠

开花期

室外光照充足处

土壤表面干燥后充分浇水

基肥

栽植、换土

播种

分株